友者生存3

每个内在都闪闪发光

李海峰　卓　雅　乔帮主　主编

華中科技大學出版社
http://press.hust.edu.cn
中国·武汉

图书在版编目（CIP）数据

友者生存. 3，每个内在都闪闪发光/李海峰，卓雅，乔帮主主编. —武汉：华中科技大学出版社，2024. 5

ISBN 978-7-5772-0727-8

Ⅰ. ①友… Ⅱ. ①李… ②卓… ③乔… Ⅲ. ①成功心理-通俗读物 Ⅳ. ①B848. 4-49

中国国家版本馆 CIP 数据核字(2024)第 062948 号

友者生存 3：每个内在都闪闪发光 李海峰 卓雅 乔帮主 主编
Youzhe Shengcun 3：Meige Neizai dou Shanshan Faguang

策划编辑：沈 柳
责任编辑：沈 柳
封面设计：琥珀视觉
责任校对：王亚钦
责任监印：朱 玢
出版发行：华中科技大学出版社(中国·武汉) 电话：(027)81321913
武汉市东湖新技术开发区华工科技园 邮编：430223
录 排：武汉蓝色匠心图文设计有限公司
印 刷：湖北新华印务有限公司
开 本：880mm×1230mm 1/32
印 张：7.625
字 数：191 千字
版 次：2024 年 5 月第 1 版第 1 次印刷
定 价：55.00 元

PREFACE
序 言

我在被别人赞美的时候，最常说的一句话是“**你们赞美我的，你们都拥有**”。

一方面，可以悦纳别人的肯定，不用不好意思；另一方面，也给对方赋能。更重要的是，不假，不装。

确实，一个人幽默，才能懂别人的幽默；一个人智慧，才能领悟别人的智慧。

我们能看出别人的好，往往是因为自己也不错。

我因为主编合集的关系，发现自己越来越能看到他人的美好。当我遇见1000多个有趣的灵魂后，我突然发现，他们在很大程度上治愈了我。我相信，每个内在都闪闪发光。

我们太容易被所谓的名人吸引。在短视频平台上，你关注某个名人，平台就会按照算法，不断地推送你关注的人的短视频。这种信息过载，反而可能让你失去了自我。因此，**不如翻开这本书，看看一些普通人的故事，和他们从陌生到熟悉，你可能有机会获得美好的人生体验**。

这本书收录了36位联合作者的文章,每篇文章彼此独立。你可以先通读一遍,我们把作者们的二维码都放到书里。如果你发现了同频的作者,不仅可以多读两遍他的文章,还可以直接扫码联系他,相互交流。我分享一下我的读书笔记,作为你的"开胃小菜",相信你一定会在这本书里有很大的收获。

卓雅是北京慧美文化品牌创始人。她认为:每一个女性,都是自己命运的掌舵手,都可以通过自己的努力,活出闪闪发光的人生!

乔帮主是创造者私董会创始人。她说,在这个时代里,每个人的创意都有机会被看见,每个品牌的故事都能被听见。这不仅仅是技术的进步,这是人类创造力和情感的胜利。

韩一是丝路视觉北京分公司总经理。通过对宋代文人画的学习,我们不仅是在传承历史的文化遗产,更是在与历史的对话中赋予艺术新的内涵。

惠敏是AI私域营销教练。她的观点是,作为人类,请务必珍惜自己的感受和情绪,打开觉知,活出绽放的人生吧!享受我们独特的生命之旅,书写我们每个人独特的生命故事。

司强是AI企业家百强年会联合发起人。他是一个长期主义者,他建议大家要用未来视角来看现在所做的事、想做的事、要做的事,把时间线拉长,才能够看到这件事对未来的影响,进而用未来视角来为现在做决策。

苏局局是私域千万操盘手。她认为,成功不能只靠自己,一定要找对高势能的工具,来跟自己合作。AI就是这个高势能工具。

台风是AI自媒体专家,擅长内容营销指令定制。他很庆幸,自己能够跟随AI的浪潮乘风起航,去往全新的大陆。有了强大的AI工具辅助,他成了一个AI超级个体,开启了自由工作、数字游民的人生模式,这是他理想中的生活。

吴公子是实干家创投私董会主理人。她说,商业访谈不仅仅是一场简单的对话,它是一次思想的碰撞,是智慧的交流,是经验的共享。

维纳斯(Venus)是维纳斯瑜伽创始人。虽然,这10年时间,她曾经好几次想过要放弃创业,但是经历了各种挑战和失败,她才发现,不逼自己一把,都不知道自己原来这么优秀。

娇娇是商业文案变现教练。她说,女人在任何时候都要坚持学习和成长,哪怕你跌倒过,但只要你不放弃,当别人伸出手的时候,才够得到你!

李沐洁是福州长乐女子运动美学创始人。她号召:女孩,请勇敢地做自己吧,即使你不是女孩了,已是妈妈了,那又怎样?你依然可以选择爱自己,做自己,让自己重生,因为你就是孩子最好的榜样!

王琪是国家高级美容师。她的观点是:无论你现在在经历什么,其实都是人生的宝贵财富,当过了几年十几年,再看当时像天塌下来一样的事,也没有那么难。所以不管经历什么,请相信一切都会好起来!

云奕是英卓文化联合创始人。她分享了5条逆风翻盘的经验和心法:①在创业路上,跟自己死磕,越困难越挑战,从不退缩;②成长蜕变的路上,丢掉你的内心戏,粉碎你的玻璃心;③遇到问题我会从自己身上找原因;④要时刻保持一颗感恩的心;⑤只要你不放弃自己,世界就不会放弃你。

晓苏是关系修炼教练。她专注于帮助事业女性走出关系困境,实现家庭幸福。

杨阳是莲舍瑜伽创始人。她说,爱是一切的根源,感恩来到我身边的每一个人和每一件事!

雨哥(Kevin)是波士顿某知名华人网站创始人。他认为,不管是互联网行业还是线下实体餐饮行业,跑马圈式野蛮生长的时代都已经结束了,未来是通过各种互联网新概念、新技术互相融合、精耕细作的时代。

安乔是安乔汉服创始人。她的人生到目前为止,或许都可以归结为高考的失败给她带来了破釜沉舟的勇气,让她明白了失败又如何呢?我们生来就有力挽狂澜的能力和决心。

蔡逸雯是儿童音乐制作人。她在和不同的孩子一起创作儿歌的过程中,深刻感受到音乐是连接时光的纽带,而孩子们的创意和独特性为这段旅程增添了丰富的色彩。

柴楠有15年银行培训经验、8年咨询公司管理经验，专注于培训产品开发。他说，人生的每一步都是有意义的，只有选择了正确的道路，才能越走越宽，离成功越来越近。

崔春是企业管理咨询顾问。她送给大家一段话：若你想要感到安全无虞，去做本来就会做的事；若想要活出自我，那就要挑战极限，也就是暂时地失去安全感。所以，当你不知道自己在做什么的时候，起码要知道，你正在成长。

金鹏是5年上市咨询集团分公司总经理。他说，何为友？首先，做自己的朋友，与自己和解，真诚地接纳自己的所有，包括一切优点和缺点。一个连自己都不能接纳的人，难以想象他如何接纳别人。其次，做他人的朋友，做一个善于欣赏、赞美和良性链接的朋友。

可然是高维创富圈创始人。人生经历告诉她，遭遇困境和经历变故对于人的成长是至关重要的，这种成长不仅是个人经验上的提升，更是一种精神上的升华和智慧上的转化。

李传坤是商业培训师、曲艺演员、故事主播。他的事业双曲线，一条是传承文化的曲艺表演曲线，另一条则是授业解惑的培训导师曲线，这两条曲线交织在一起，汇聚成了一片波澜壮阔的海洋，这才算是多姿多彩的人生吧！

李鲲是高级PPT培训及设计师。国企，是一个曾让他有安逸度过此生想法的地方，如今他却因为逻辑美学，跳出了自己长久以来的舒适圈,使体制内的他再次焕发了生机。

林特舒是团队效能提升教练。支持企业打造高凝聚力、高战斗力的核心高管团队,提升团队效能,成就健康企业、幸福组织,是她一生的志业!

林宸言(Ryokolim)是东盟创业家、成长领航者、人生教练。如果生命只剩下10分钟让她做最后最重要的分享,她想她会把题目定为“经营好自己是对生命最好的回应”,希望每一个人都能把握当下,活在当下,珍惜生命的每一个时刻。

牛三是企业内训师。目前,他的工作虽然很辛苦,他的影响力还没有达到预期的效果,但是他觉得过得很充实、很有意义,对未来也充满了信心和希望。

攀哥是终身学习践行者。作为一个工程人,他十分认同自己的企业宗旨:为城市建设服务,为社会大厦添砖加瓦,为百姓安居做贡献。

童留是优势教练、生涯规划师。2年前,她开启了人生的第三次创业转型,从一名银行基层管理人员转型成为优势教练,帮助了3000多位遭遇瓶颈的职场人士实现转型,找回热爱,重新定义了自己的人生。

红果是微软官方认证的国际MOS设计师。她说,应用AI+PPT能让我们的副业实现质的飞跃,不仅提高了我们的设计效率和质量,还为我们带来了更多的商业机会和收入。

邬文君是国家二级心理咨询师。她认为，在这个充满变化和不确定性的时代，保持对优质内容的输入，并持续通过书写来输出自己的思考和感悟，再通过一步一步的行动来实践，这会让我们的人生拥有无限的可能性。

于男是国家高级企业培训师。2023年，疫情后的第一年，也是她职业生涯的第十五年，她再一次给自己设定了新目标：打破舒适区，进一步迭代服务营销体系的方法论，让更多人看见我认识我，形成自己的IP。

于启磊是山东思勤教育咨询有限公司创始人。他说，回顾每一段人生经历，就是一个选择接着一个选择，你的人生就是你自己选择的结果。当你每次都选择一条相对难走的路时，都会有新的成长和改变，收获更多人生的不同。

虞伽人是文化IP操盘手。她的观点是：陪伴是最长情的告白，感恩身边陪伴的爱人、父母、兄弟姐妹、亲朋好友，上级或下属。时间是人生最宝贵的礼物，要有感恩的心，接纳万事万物的洗礼，与天地合其德，与日月合其明，与四时合其序！

安宁专注于PPT培训领域。她说，人的成长是一个螺旋向上的过程，不跨出去，你都不知道你能走多远。

周舒怡是世界500强金融公司培训经理。她说，每一次转型都是一次成长。经历了方才明白，职场唯一不变的就是：不停改变。有了这样的信念，才能处之泰然，快速适应变化，才能走得更远。

《孤勇者》的歌词里有这样一句："**谁说站在光里的才是英雄**。"

外在的光也许不可控，内在的光却从来不缺席。

我们能看到自己的光，还能看到别人的光。当我们具备这种能力的时候，**我们可以把所有对手变成队友**。我们会发现世界更广阔，工作、学习、生活都变得更加顺利。

每个人都是一颗钻石，关键是你要让它发光。

李海峰
独立投资人
畅销书出品人
贵友联盟主理人
2024年4月28日

目录 CONTENTS

这个世界只要你不放弃自己，
世界就不会放弃你

每个人都可以通过努力，活出闪闪发光的人生

■卓雅

北京慧美文化品牌创始人

高客单发售教练

3 年发布朋友圈原创文案总计 46 万字

我在2年前种下出书的种子，自己也没想到，能够有机缘遇见海峰老师，还有机会带动身边优秀的人一起出书，内心无比感激！我想最好的感恩方式，就是好好写书。

有个作者叫云奕，来自广州。有一天，她跑过来问我："老师，出书是我做梦都不敢想的事，我真的真的很想做这件事，但我又担心自己只有初中文化，出书会被人笑话。"我很认真地跟她说："到底笑话你的是别人，还是你自己？"她就笑了。我让她把出书这个事发到朋友圈，看看大家会怎么说。

后来，她给我的反馈是大家都很羡慕，说她厉害。她老公之前一直觉得她在做无用功，这次知道了却说："你很快也可以像郭德纲一样，不用学历，也能闯出一片天地。能力来自你的经历和经验，不能只看学历。"这些正反馈给了她很大的力量，她也明白以前其实是自己不认可自己。

她给我反馈时，我就在想，或许这就是本书最大的意义所在。**这本书里的每一个作者都是平凡、普通的人，他们或许就是你的朋友、同事、同学，他们平凡，又不甘于平凡。他们在创业的过程中，也会遇到困难，但他们没有自暴自弃，而是勇敢面对，寻求解决之道。**

有一个姑娘，她真的很顽强，身高160厘米，产后体重一路飙升到130斤。面对镜子里都快不认识的自己，她仅用了4个月时间，就瘦到了99斤。为了能够陪伴孩子，她选择了做减脂课程销售，开始的时候业绩还可以，带一个有50多人的团队。后来，想变瘦的客户都买了课，就怎么也卖不动了。为了业绩，她每天发30多条朋友圈，可是发完后没有任何回音。因为生活压力太大，她老公那时刚买了大货车，家里老人、孩子又有各种开销，所以她用力过猛，经常群发广

告，导致后来约朋友吃饭都没人出来了。最长的一次，她有半年没什么收入，业绩为0，看别人收钱，她更是着急。但她并没有放弃，而是一直在寻找出路，也是在这个时候，她遇见了我。通过每天布局朋友圈，学习私聊谈单的方法，一段时间以后，她开始陆续有了进账，后来做一场发售活动，收入高达18.8万元！所以，这个世界只要你不放弃自己，世界就不会放弃你。

在我9年做教育的生涯中，我发现很多女性不是不够努力，也不是不够聪明，而是心力不够，对自己有很多不喜欢和不认可的评判。对老公、孩子特别慷慨，对自己却很苛刻，总有很多的舍不得，其实这就是一种不配得感。

另一个姑娘就是这种情况。在新疆开辅导机构的她，大学毕业以后就开始做了，就这样不知不觉地做了8年。她给自己买衣服不能超过200元，最贵的衣服150元，攒钱给孩子报兴趣班。8年了，她的辅导机构一直没涨价，她心里其实也想涨价，毕竟猪肉、白菜的价格都涨好几轮了，她的成本也在增加，但又怕涨了没人来。老公和她一吵架，就要离婚，还要她净身出户。平时都是老公脸色一变，她就马上去道歉，但其实她心里很不舒服，一肚子委屈：别人家都是男人哄女人，自己却要哄男人，怎么活得这么憋屈？但她为了孩子，一直忍着。

我们认识的时候，赶上疫情暴发，整整一个暑假，她2个月的收入只有2000元，用她的话说，给孩子买奶粉的钱都不够。

我带她做了一场活动，顺道把机构的价格涨了。当天，她紧张得手心全是汗，其实心里是没底的，但是她选择相信我。最后，那一场活动收入4万元。在平均工资只有3000元的城市，她自己都不敢相信，原来钱还可以赚得这么轻松。人很多时候会有害怕的心理，需要有人推你一把！

学习期间，她自己也成长了好多。老公感受到她的变化后，也变了，第一次主动给她买蛋糕，主动做家务，支持她学习，还跟她一起听课，两个人之间的共同语言多了，夫妻感情越来越好。

自己是一切的核心，当你变好了，周围的一切也会越来越好！

有一个姑娘叫杨阳，来自河北石家庄，开了 3 家瑜伽馆。她之前做一场活动的收入是 3 万元，感觉效果不好，然后就不敢做了。之前做活动，她都是想什么时候做，就什么时候做，一张海报就算做活动了，没有布局，没有目标，看着别人做就感到焦虑，所以也跟着做，但每次都做得乱七八糟。做完后，也从没有做过复盘。

这次，我们团队操盘后，她的一场活动收入 36 万元！她说："重要的不是收钱，而是自己还学到了一些方法，懂得布局思维，而不是盲目去做。"

没有什么事情是一次就会成功的，多去尝试，你会发现，生活原来还有更多的可能。

在新疆有一个姑娘，她是公务员。别人看着她光鲜亮丽，很多人羡慕她工作稳定、家人疼爱，其实她一路走来，有诸多不易，她一直在学习和成长，与原生家庭和解。从小，她父亲对她非打即骂，全家人正在吃饭，哪句话没说好，饭碗就会飞过来砸到她头上。她考试考了 100 分，她父亲会说，每次都考 100 分才行。

过往的很多年，她所有的努力都是为了得到她父亲的认可，后来在不觉间活成了自己曾经最讨厌的模样。以前，她在家发语音，老公和孩子大气不敢喘，她也一直在寻求解决之道，后来通过文字治愈了自己，理解了父亲的不容易：他也是不知如何去爱，只是爱的方式不同，但爱一直都在。如今，她家每月都会有家庭聚会，全家其乐融融。**一个一直在成长路上的人，终究会抵达终点！**

这就是他们的故事，也是你和我的故事。在这本书里，你还会看到许多女性的成长故事。虽然她们来自不同城市、从事不同的职业、处于不同的年龄段，她们有过迷茫，也会焦虑，她们不完美，但她们依然选择热气腾腾的生活，从没有放弃自己，不断学习成长。

这个时代，**赋予女性很多角色，妈妈、女儿、妻子、领导、职场精英，女性可以走出家门去追逐自己的梦想，同时也有很多的挑战。女性创业要克服重重障碍，平衡事业和家庭，一步步打怪升级，把生活过成自己想要的样子**。我自己也是终身学习的受益者。

---

10 年前，我辞去语文老师的工作，来北京闯荡，住过 3 年漏雨的平房，当时工资只有 1800 元。后来攒了点钱，跟一个姐姐合伙开美学服装店，当时以为只要足够专业，客户就会自动进店。然而现实啪啪打脸，我每天坐在店里等客户来，因为不懂如何做引流、售后和维系客户，所以偶尔来几个客户，进店的转化率也不高。最后不到一年，服装店就关掉了。这个事，让我知道了商业经营的重要性。

2021 年疫情期间，大家都封控在家，我被一个老师的朋友圈深深吸引，于是付费 5 万元学了朋友圈文案。我觉得这个适合我，不用主动上门去做推销，布局好朋友圈，就会有人来找你。

刚开始的时候，我经常写好了文案，等到晚上十一二点才发朋友圈。因为我一上来就想写得完美，想发收款图，又怕别人看了会有不好的想法……顾虑特别多。看别人写的好文案，内心羡慕不已，自己却写不出来。

当时，我想过放弃，但我不想当逃兵，所以每天深入研究，终于在一个半月的时候，掌握了这项技能，也懂得了我无须做别人，只须做好自己！

如今，我的课程收费从598元上涨到了10万元，都是看了我的朋友圈后自发来找我的，这一门课就给我带来了百万元的营收额。

2021—2023年是我人生取得突破性进展、有大飞跃的3年，也是我成长最快的3年，我体验过撕心裂肺的痛，也曾怀疑过自己，同时也经历了成功的喜悦。

人在逆境中成长是最快的，我也在很多事情的磨砺中更加成熟，内心越来越暖，走得越来越稳！我感谢所有经历，感谢一路走来信任和支持我的人。人生没有白走的路，每一步都成就今天更好的自己！

这本书分享了很多女性的成长故事，相信会给你带去更多生活的希望和力量！**而每一位女性都是自己命运的掌舵手，都可以通过自己的努力，活出闪闪发光的人生**！

在未来，我希望能和10万女性一起掌握把专业变成钱的能力，经济独立，灵魂自由，寻找人生更多的可能性！愿你取得好的结果，也欢迎你和我分享读完本书后的收获和喜悦。

当 AI 遇上人类的创意，发生的不只是技术的融合，更是梦想与现实的相遇。

人人都是 AI 艺术家：用 AI 打造超级品牌双 IP 影响力

■乔帮主

创造者商学创始人

创造者 IP AIX 商业操盘联盟发起人

15 年品牌 IP 内容营销公司创始人

在这个迅速变化的时代，AI 技术已经从幕后走到了前台，成为推动社会进步和超级个体发展的新引擎。在这项技术的辉煌背后，是每一个创作者和品牌代表的情感与故事。我们生活在一个充满机遇的时代，一个任何人都有可能通过 AI 技术实现梦想、塑造品牌、创造影响力的时代。**每个人的创意和热情，都有机会在这个 AI 智能时代得到展现**。

这不仅仅是技术的进步，更是对人类创造力的一次伟大启迪。当 AI 遇上人类的创意，发生的不只是技术的融合，更是梦想与现实的相遇。我们每个人都有可能成为 AI 艺术家，用 AI 技术讲述自己的故事，打造自己的品牌。**这是一个让每个人都能成为超级个体的时代，一个通过成为超级个体就可以创造超级公司的时代**。

在这篇文章中，我们将探讨如何通过 AI 技术高效创作内容，打造个人和企业的双重品牌，并最终实现超级个体和超级公司的愿景。

企业和创始人如何通过 AI 技术实现双品牌战略的有效融合？

关键在于理解 AI 技术如何成为品牌建设的加速器。在数字化时代，AI 不仅是数据处理的利器，更是内容创作的神器。当我们谈论品牌战略时，无论是对于个人 IP 还是企业品牌，核心都在于如何讲好自己的故事，如何让这个故事触动人心，赢得市场的认可。

对于许多企业而言，传统的品牌建设方式通常是线性的、单一维度的。AI 技术的引入，使得这一过程变得更加动态和多元。以 AI 辅助的图像和视频创作为例，企业和个人可以快速生成吸引人的视觉内容，这些内容不仅仅带来视觉上的震撼，更是品牌故事的有效载体。

AI 的文案生成工具同样能够在短时间内产生大量高质量的文本内容，这些内容能够紧密围绕品牌的核心价值和故事线展开，为品牌注入新鲜的血液。

但是，如何确保这些由 AI 创作的内容能够有效地与品牌战略融合，而不是简单地成为技术的展示？首先，企业和个人需要明确自己的品牌核心价值和故事线。这一点是 AI 技术应用之前的必要准备。接下来，是利用 AI 技术来增强这些故事的表现力和传播力。例如，通过 AI 分析市场趋势和受众偏好，可以精准定位内容的风格和主题，使其更加契合目标受众。

总的来说，AI 技术在双品牌战略中的应用，不仅仅是技术层面的创新，更是品牌故事叙述方式的革新。它使得内容创作更加高效、个性化，同时也让品牌故事更加丰富多彩，具有更强的吸引力和感染力。**在这一过程中，企业和个人品牌能够实现有效的互补和共生，共同构建起强大的品牌影响力。**

如何利用 AI 技术高效创作内容，提升个人和企业品牌的影响力？

这是当今内容创作领域最为关键的问题之一。在 AI 智能时代，内容创作不再是高门槛的专业活动，每个人都有机会成为创作者。AI 技术的进步为我们提供了前所未有的便利，大幅度提升了内容创作的效率和质量。

利用 AI 技术，我们可以快速生成各种形式的内容，包括文本、图片、视频等。这些内容的创作过程变得更加自动化和智能化。例如，AI 图像生成工具可以根据我们的简单指令，创造出独特的视觉作品；AI 文案生成器能够在短时间内撰写出符合品牌调性的高质量文案。这些工具不仅提高了创作的效率，更重要的是，它们能够根据数据分析，为不同的目标受众量身定制内容，从而大大提升内容的吸引力和传播效果。

在利用 AI 技术提升品牌影响力的过程中，重要的是要保持内容与品牌核心价值的一致性。AI 技术可以帮助我们更精准地定位品牌，确保所有内容都能够围绕品牌的主要信息和价值观展开。此外，AI 技术还能帮助我们更好地理解目标受众的偏好和需求，从而创造出更加贴合受众期望的内容。这种个性化的内容创作策略，不仅能提升品牌的吸引力，还能增强与受众之间的互动和参与感。

因此，高效的 AI 技术不仅是提升内容创作效率的工具，更是连接品牌与受众、构建深厚品牌影响力的桥梁。**通过智能化的内容创作，企业和个人品牌可以在竞争激烈的市场中脱颖而出，构建独特而强大的品牌形象。**

AI 在个人创意和企业品牌构建中扮演着怎样的角色？

AI 技术已经不再仅仅是高科技企业的专利，它已经成为创意产业的新动力。在个人创意和企业品牌构建的过程中，AI 技术的作用越来越凸显，它正成为推动创意和品牌发展的关键因素。

首先，AI 技术提供了一个平台，使得个人创意可以得到更广泛的展示和实现。个人创作者可以利用 AI 工具，如 AI 绘画、AI 音乐创作等，将自己的创意快速转化为具体的作品。这些工具降低了创作门槛，使得更多人能够参与创意产业。对于企业而言，AI 技术则可以帮助它们更快速地捕捉市场趋势，根据消费者的喜好和需求，创造出更符合市场需求的产品和服务。

其次，AI 技术在品牌构建中的角色是无可替代的。通过数据分析和机器学习，AI 可以帮助企业深入了解目标市场和消费者行为，从而更精确地定位品牌和制定市场策略。此外，AI 还能通过社交媒体分析等手段，帮助企业监测和分析品牌声誉，及时调整品牌传播策略，优化品牌形象。

在个人创意和企业品牌构建中，AI 技术的使用不仅仅是一种技术应用，更是一种全新的思维方式。它鼓励我们跳出传统的思维框架，以更加开放和创新的视角来看待创意和品牌建设。通过 AI 技术的辅助，我们能够更加深入地挖掘创意潜力，打造更有影响力的个人和企业品牌。

在 AI 智能时代，个体如何转变为超级个体，共同推动超级公司的成长？

这是一个富有挑战性的话题。在 AI 技术日益发达的今天，个体拥有了一些前所未有的能力，这些能力使得他们可以超越传统的限制，成为推动社会和企业发展的重要力量。

首先，AI 技术赋予个体更强大的创造力。通过利用 AI 的图像、文案、视频生成工具，个体可以轻松地创作出高质量的内容。这种内容创作的便捷性和高效性，使得个体可以更加专注于创意的发散和深化，而不是消耗时间在技术层面的烦琐工作上。这种转变，使得每个人都有可能成为创意的源泉，每个创意都有可能转化为实际的价值。

其次，AI 技术的发展为个体提供了强大的数据分析和市场洞察能力。个体可以利用 AI 工具来分析市场趋势、消费者行为等，从而更精准地定位自己的创作方向和目标受众。这不仅提升了内容创作的针对性和有效性，也使得个体能够更好地与市场需求对接，创造出更大的社会和经济价值。

在这样的背景下，个体成为超级个体的关键，在于他们如何利用 AI 技术来放大自己的创造力和市场影响力。超级个体不仅创造内容，更创造影响力。他们通过创新的思维和高效的工具，将自己的创意转化为实际的品牌价值和市场影响力。这种从个体到超级个体的转变，是 AI 智能时代最为显著的特征之一。

最终，当越来越多的个体转变为超级个体，他们共同构建的超级公司将成为推动社会进步和经济发展的新引擎。这些公司不仅仅是商业实体，更是创意和创新的聚集地。在 AI 的助力下，这些超级公司将能够快速响应市场变化，不断推出创新产品和服务，引领行业发展的新趋势。

我们探索 AI 技术在个人创意和品牌建设中的应用，不仅仅是在谈论技术的革新，更是在讲述一个个人梦想与集体进步共舞的故事。在这个智能时代，每一个创作都是对梦想的追求，每一次品牌的构建都是对理想的实现。我们所做的不仅仅是创造内容或建立品牌，我们是在将 AI 作为工具，向世界展示我们的热情、创意和愿景。

在这个旅程中，每个人都是艺术家，每个品牌都是故事的讲述者。在 AI 技术的赋能下，我们不仅创作出更加精彩的作品，更将个人的才华和企业的愿景转化为能够触动人心的影响力。正是这种影响力，构建了一个更加丰富多彩、充满创意的世界。

让我们拥抱这个时代，以开放的心态和创新的思维，共同创造一个属于每个人的超级时代。在这个时代里，每个人的创意都有机会被看见，每个品牌的故事都能被听见。这不仅仅是技术的进步，也是人类创造力和情感的胜利。

宋代文人画的审美理念强调意境，追求画面的意蕴和情感的抒发。

时光共振——宋代文人画的韵律与当下的共鸣

■韩一

网络 IP：一铭大人

丝路视觉北京分公司总经理

在中国艺术的浩瀚历史中，宋代犹如流光溢彩的一帧，以文人画的独特光芒照亮了整个时代。这一时期的艺术家们通过深刻的审美理念和内涵丰富的文学表达，创作出了一幅幅引人入胜的画卷，这些作品不仅在当时卓尔不群，更在时光的长河中延续下来，与当代的艺术审美展开了深刻而富有启发性的对话。

宋代文人画所展现的艺术之美，宛如一场穿越时空的精致邂逅。这段历史的璀璨，不仅是绘画艺术的高峰，更是中国文化的瑰宝。宋代画家以崇尚自然、追求心灵为艺术理念，将他们对世界的独到见解通过画笔娓娓道来。他们以极富诗意的笔墨，将山水、花鸟、人物描绘得淋漓尽致，仿佛将自然的美妙融入每一滴墨汁。这种对自然的敏感与情感的表达，使得他们的作品超越了艺术，更像是一种心灵的交流。

这一时期的文人画家，如苏轼、文同、范宽等，不仅是画家，更是文学家、诗人。他们将文学与绘画相融合，创造了一种独特的文学绘画风格。画中常伴随着诗文的点缀，使得作品在具备艺术性的同时，又具备了更为深厚的文学内涵。这种多元化的艺术形式，为当代艺术家提供了宝贵的经验，启示他们在创作中打破单一领域的界限，勇于尝试多种艺术表达方式。

宋代文人画的审美理念强调意境，追求画面的意蕴和情感的抒发。艺术家们通过对自然景物的观察，借助个人的情感体验，以墨韵清新、笔法细腻的手法，创造出极具文学意味的画作。这种注重内涵的艺术风格，为当代艺术家提供了深刻的启示。在当今社会，艺术创作不仅仅是形式的呈现，更是情感、思想的表达。通过学习宋代文人画家们如何通过艺术表达情感，当代艺术家可以更加深刻地理解艺术创作的本质，更好地与观众建立情感共鸣。

宋代文人画的韵律

文人雅趣与个性表达

宋代文人画家的笔墨之间流淌着一种别样的雅致，他们并非仅仅追求技巧的精湛，更注重表达个性与情感。这种文人雅趣的精神追求，使得每一幅画作都带有鲜明的个性印记，艺术家通过作品表达对自然、生命和道义的独特见解，为观者带来一种独特而深刻的艺术体验。

意境追求与虚实交融

宋代山水画以其深邃的意境而著称，画家们通过虚实交融的技法，勾勒出层峦叠嶂、江河纵横的画面，给观者带来一种穿越时空的奇妙感觉。这种对意境深远的追求，使得观者沉浸在画作之中，超越了物质的束缚，感受到心灵深处的共鸣。

文学与绘画的结合

宋代文人画家不仅擅长绘画，还是杰出的文学家和诗人。每一幅画作都带有他们描绘自然景物或抒发内心感悟的诗文，形成了画与文学相辅相成的绝妙结合。这种跨文学和艺术领域的多才多艺，使得文人画不再仅仅是画布上的艺术，而是一种更为全面的艺术体验，引导观者通过诗文更深刻地理解画家的艺术情感和境界。

墨色运用的独特性

墨色在宋代文人画中具有特殊的地位，尤其是对淡墨的独特运用。画家们通过巧妙运用淡墨的变化，创造出层次分明、富有变化的墨色效果。这种独特的墨色运用不仅丰富了画面的表现力，也使得整体作品更为典雅和富有艺术价值。

宋代文人画对当代的启示

个性表达的重要性

宋代文人画所强调的个性表达精神，为当代艺术家提供了深刻的启示。在当今社会，艺术作品通过独特而个性化的表达更容易引起观众的共鸣，因此在创作中注重个性化的表达成为当代艺术的一大特色。

多元艺术形式的融合

类似于宋代文人画家的多才多艺，当代艺术家也应该尝试不同的艺术表现形式。数字艺术、雕塑、装置艺术等多元化的尝试，为当代艺术带来了更广阔的创作空间，拓展了传统艺术的边界。

突破传统，创新技法

宋代文人画家通过对传统的突破，创造出了许多新的技法。在当代，艺术家也可以尝试借助现代科技手段，如使用人工智能生成艺术作品，探索数字媒体等新的艺术领域，为创作注入新的活力。

艺术家的多面性

宋代文人画家既是画家又是文学家，这一多面性为当代艺术家提供了启示。他们可以拓展自己的领域，尝试与其他领域的创作者合作，共同打破创作的界限，创造出更为丰富多彩的艺术作品。

AI 技术在融合中的应用

人工智能技术的崛起为这一问题提供了全新的解决途径。通过AI技术，我们可以探索模拟文人画风格的算法，使得计算机能够生成具有类似宋代文人画特色的艺术作品。这种数字化的延续不仅是对历史的致敬，更是一种创新，为当代艺术注入新的生命力。AI在艺术创作中的应用，不仅仅是工具的变革，更是一种对传统文化的传承与发展。

生成式艺术的创新

利用生成式艺术，可以利用AI算法创造出新颖独特的图像。通过与AI的合作拓展创作的可能性，获得更多元的灵感。

数据分析与艺术创作

AI技术可以对大量的艺术作品进行数据分析，帮助艺术家了解艺术发展的趋势和规律。这可以为当代艺术家提供更全面的历史背景和参考，帮助他们更好地融合传统与现代。

艺术创作中的智能辅助

AI技术可以作为艺术家的智能辅助工具，提供素材选取、颜色搭配、构图建议等方面的帮助。这种智能辅助可以加速创作过程，同时为艺术家提供更多创作的可能性。

AI 技术与虚拟现实的结合

虚拟现实技术可以使观众沉浸在虚拟的艺术空间中，与艺术品互动。通过 AI 技术，艺术家可以创造更为逼真、丰富的虚拟世界，为观众提供更为深刻的艺术体验。观众可以在虚拟的艺术空间中自由穿梭，感受艺术作品中蕴含的深层次情感。这种与传统文人画不同的创作方式，给艺术赋予了更为广泛的感官体验，拉近了观众与艺术之间的距离。

时光对话与传承

在时光的穿梭中，我们不仅是观者，更是传承者。宋代绘画的艺术韵律，仿佛一串穿越时光的音符，轻轻地唤醒着我们对艺术的热情。如何从这段辉煌的历史中汲取灵感，赋予当代艺术新的生命力，是我们需要思考的重要问题。

宋代文人画家们所主张的个性表达和多元艺术形式的融合，如同一道清泉，不断滋养着我们对艺术的渴望。他们通过对传统技法的大胆突破，创造了独具风采的艺术形式，每一幅画作都成为一首抒发情感的诗篇、一篇展示人性的散文。这种注重个性表达、强调情感共鸣的精神，为当下的我们提供了丰富的启示。

宋代画家们不会墨守成规，而是通过画笔传达自己对自然、生活、人性的独到见解。这种独立思考、敢于突破的艺术品质，正是当代艺术所需要引领的方向。我们应该敢于突破传统束缚，探索新的艺术领域和技法。现代科技手段，尤其是人工智能等新兴技术的应用，为艺术创作提供了前所未有的可能性。

在当代，我们可以尝试结合AI技术，创造出更为前卫、富有创意的作品。这并非对传统的简单模仿，而是在汲取历史养分的基础上，赋予艺术新的生命力。通过时光的对话，AI技术延续了宋代文人画的韵律，为当代艺术注入了创新的动力。

艺术并非孤立地存在，而是与时代共进步。通过对话与交流，我们能够更好地理解历史，同时也为未来的艺术创作打开更为广阔的空间。宋代文人画的韵律在当代的对话中，得以传承和超越，为艺术的未来描绘出更为绚烂的篇章。

我们不是历史的过客，而是传统与现代的桥梁。在这个过程中，我们可以借鉴宋代文人画的精髓，注重个性表达和多元艺术形式的融合，为艺术创作注入新的灵感。同时，现代科技的进步为我们提供了更为广阔的创作空间，AI技术的应用让创作变得更加自由而富有创意。

通过对宋代文人画的学习，我们不仅是在传承历史的文化遗产，更是在与历史的对话中赋予艺术新的内涵。**这种对话，既是对过去的致敬，也是对未来的期许**。在时光的流转中，宋代文人画的韵律被传承、被赋予新的生命，为当代艺术谱写出更为绚烂的篇章。这不仅是一场艺术的对话，更是时光中的传承与创新的交响曲。

以人为本，人驾驭 AI，AI 为人服务。

用 AI 讲述生命故事，创造有生命力的营销内容

■惠敏

AI 私域营销教练

AI 朋友圈文案导师

创始人 IP 私域操盘手

我是惠敏，一名文艺女青年，偏偏写了十年代码。

我的文艺体现在：作为一名心理学爱好者，我考取了中国科学院心理咨询师证书、广州市心理咨询师执业资格证；作为古筝爱好者，我古筝十级；同时还是汉服爱好者、国学爱好者。

这样的我，为什么会写十年代码，并且现在从事 AI 讲师、AIGC 营销内容生产并创业呢？

这要从我的原生家庭和个人经历说起了。

我出生在广东梅州丰顺县一个小乡村。梅州是叶剑英元帅的故乡，是客家聚居地，而丰顺县靠近潮汕，受潮汕影响很深，颇有潮客交融的味道，既有客家“坚韧、勤劳、重视教育和家族团结”的底蕴，又具备潮汕“敢想敢拼”的商业精神。

我的原生家庭比较传统，男主外女主内，父母极其恩爱。我妈妈身体不是很好，我爸爸希望我学医，所以如果没有那场变故，我很可能会是一名医生。

村里是熟人社会，我父母与人为善，人缘极好，每一户人家里都有我爸爸修过的电器、我妈妈帮过忙的痕迹。我的童年充实而幸福。

变故发生在我十八岁那年。

十一年前，我刚上高三，我爸爸意外离世，留下了没有工作的妈妈、我、弟弟和妹妹。

身为长女，我觉得自己一瞬间长大了，虽然还不知道自己能干什么，但我就是想去承担一些东西，苦难也好，责任也罢。

高考过后，我放弃学医、学文的梦想，选择了当时就业最好的专业——软件工程。

大学期间得奖学金赚学费这些就不必说了，其间因为不够喜欢这个专业，我也想过转其他专业。但是我爸爸离世后，妈妈因为忧思过度，在我读大二时，被确诊为癌症中晚期，治疗费用上虽然有家族帮助，但我还是认为自己有义不容辞的责任，所以再没想过转专业的事，还是赚钱要紧。毕业后去了 P2P 金融公司上班，薪水确实比其他专业的同学高一大截，但不幸的是，还没转正，P2P 爆雷，公司解散。

当时我妈妈的情况比较稳定，她一直担心我一个人在外面闯荡，所以她想让我去考公务员，过得安稳一点。但我内心不愿意进体制，一是想要追求星辰大海，二还是担心体制内不赚钱，毕竟我要为我妈妈付医疗费呢。于是我表面上复习考试，考试当天的下午场根本就没去考，自然笔试没过。

从此以后，再也没人让我去考公务员。

我回到广州，入职了一家上市 IT 公司，继续从事软件开发，靠这份工作给妈妈治病，供妹妹读书，还给自己和弟弟买了房。

生活的考验并未就此结束，妈妈和癌症抗争了五年后离世，我也因为各种原因，陷入抑郁。我先是发现自己总是很累，不想说话，不喜欢和别人交流，不愿意和同事打招呼，早上上班起不来，晚上睡不着，对任何事物都不感兴趣，甚至不吃饭也没关系。

我意识到自己很久没有笑过，还不断有伤害自己的冲动，我想我可能真的不对劲了，开始寻求帮助。在此期间，我仿佛再次回到高三我爸爸离世那年的情景。当时，身处黑暗当中的我，却看见了人性的光辉。

高三那年，是全班同学的关心、全校老师的捐款，还有好友的全程陪伴，把我一步一步拉出抑郁的泥潭。我开始寻求心理咨询帮助，自学心理学，还考取了中科院的心理咨询师证书。

因为自己抑郁过，所以我想去帮助正在经历焦虑抑郁的痛苦的人们。而我在和来访者聊天的过程中，发现人们的其中一个焦虑源，竟然是ChatGPT和AI。

我意识到，仅仅用安慰的方式告诉别人不要焦虑是没有用的，而是需要用实际行动，给出实际方案，教会他们认识AI、驾驭AI，他们才能不焦虑。

于是，2023年4月，我参加亿级商业平台路演，发售的MVP（最小可行产品）就是ChatGPT文案训练营，旨在教会学员驾驭AI，并用AI生产出对他们有价值的内容。

由于我的学员大多是线上创业者，如何在线上用高质量内容吸引用户一直是他们的硬需求，所以我教他们用ChatGPT写出吸引人的营销文案。

由此我走上了AI培训的道路，成了一名AIGC营销内容生产教练。

我对AI的理念是，以人为本，人驾驭AI，AI为人服务。

我对营销的理念是，从心出发，传递生命的热情。

生命是场虚无，但是责任让它变得厚重，而爱，让它绽放热情。

从我对家庭负责，到对自己负责，再到对学员、对用户负责，有样东西从未改变，那就是我总想去爱，从爱我身边的人，到爱更多的人。

我一直在为别人而努力，转行是为了自己，转行后我发现我还是想为别人做点什么。

这就是我的力量源泉、前进的动力！我会好好走属于我的路！

我越来越笃定——自由和责任，原本就是如此统一，人生而自由，为生命负责。

AI 时代，更是让我们，甚至是要求我们，活出人生的意义，活出独特的自己。

AI 越来越强大，能做的事情越来越多，那么有一个问题就越来越重要，值得我们认真思考和研究，那就是——我们应该用 AI 做什么？

我的答案是“从我们自己出发”，我们每个人都独一无二，都有独特的价值。AI 能做很多事情，但是独特的个体才能让 AI 发挥出独特的作用。

所以，未来，是超级个体的时代！

我们与生俱来的独特价值，将借助 AI 被无限放大！

打造个人品牌和有营销力的内容，无一不是围绕着“人”这个中心点。生产大量的内容是 AI 的专长，但是营销是距离人最近的事情。**用 AI 去赋能个体，去触达人性，这就是 AI 营销的魅力**。

AI 做的就是降本增效的事情，降的是人类的时间精力成本，增的是人类内容产出的效率，这一切的核心，是人类。

所以，AI 怎么能替代人呢？人又怎么可能真的依赖 AI 呢？所以也不要妄想 AI 替我们包办一切。

如果有了 AI，人类就不思考了，那这不是一件很可怕的事情吗？

AI 能办很多事情，但这一定是以你的想法、你的指令为前提。

AI 可以是流量本身，例如虚拟歌姬洛天依、初音未来……它们或许招人喜爱，但是并不能像人类一样容易让人和它们有链接感，和它们产生共鸣。

所以这就是人类的独特意义，人与人的链接感，与心相交，传递爱和热情，才是最高级的营销。

AI营销，人是营销的心，人的理念、价值观是核心，是灵魂，而AI是脑和手，负责遣词造句，保证逻辑通顺，语义正确，并且大量生产内容。

所以人类一定要更突出，真的和受众建立起连接。

作为人类，请务必珍惜自己的感受和情绪，打开觉知，活出绽放的人生吧！享受我们独特的生命之旅，书写我们每个人独特的生命故事。

AI 不仅升级了传统业务模式，还推动了行业的革新改造。

利用 AI 提升自己在行业的影响力

■司强

AI 创业领袖奖获得者

中国 AI 企业家百强年会联合发起人

我是司强，AI圈超级链接者、连续8年跨行创业者、中国AI企业家百强年会联合发起人、AI智原商学院创始人、青年创投商会创始合伙人、AIGC电商联盟特聘专家、AI讲师、人工智能应用测评师。我用5个月跑了120个城市，接触了600多个AI的创业者和从业者。今天要给大家分享一下我对AI的洞察。很多人接触AI是从ChatGPT开始的，我也是，然后我从2022年10月看到了Diffusion技术通过Stable Diffusion落地，也就是最强AI绘画软件。我看到后就一直感到兴奋，本身**我就有知识付费的习惯，一直在付费买认知差、买信息差**，所以很早就看到了这一波的热潮。再到2022年11月GPT-3.5发布，我大胆地预测，2023年将是一个新时代的开始，是将被载入史册的重要的一年。AI是10年内最大的风口和趋势，推动第四次工业革命，这场工业革命比任何一次工业革命来得都迅猛。衡量工业革命的标志是这场革命能不能给人类带来单位时间内工作效率的提高，AI工具的使用无疑能让各行各业的人提高工作效率，而且是大幅度提高。进入AI这个赛道，我肯定是有发言权的。首先，我们做出了成果，我们在3月的时候就搭建了AI绘画美女的账号矩阵，我们6个账号可以做到2个月收获60万名粉丝，4个月收了5000个AI绘画的学员，变现340万元，抖音AI绘画美女赛道单视频流量全国第一。我又用了4个月的时间，从6月中下旬就一直在各个城市间穿梭，一天一个城市是常有的事情。我的IP是“AI卷王”，我一天多的时候可以跑3个城市，从深圳到杭州，再到上海，再从上海到杭州。我参加了很多的AI活动和一对一、一对多的分享，认识了很多在AI领域有大成果的创业者和从业者。很多AI的创业者和从业者都是通过我认识圈内人的，在线上就可以对彼此产生更高的信任度。我觉得这是很关键的。创业者都需要交流，因为人是社会性动物，需要交流，AI 的创业者也是如此，通过交流互相学习，取长补短。**信任也是非常关键的，线上就可以产生强的信任和一些合作。**

做事情，人的初衷非常重要。我走了很多人生弯路，经过一些弯路后，我的精神维度得到了很大的拓展。我觉得人如果无论做什么事情都做不好，没有外部的原因，就一定要向内求索。错的人教你长大，对的人教你成长。

2023 年，ChatGPT 实现的革命性突破主要体现在 4 个方面。**第 1 个是文本生成的能力，**它能够理解和生成各种复杂的文本内容，某些方面甚至已经超过了人类。**第 2 个是广泛的使用场景，**ChatGPT 能够处理多种任务，如问答系统、文本摘要、情感分析等等。**第 3 个是上下文记忆能力，**ChaGPT 具有记忆能力，在对话过程中能够记住以往的对话历史，并利用该历史理解和解答问题。**第 4 个是可以进行少样本的学习，**只要把少量的特定的事例拆解，ChatGPT 就可以马上理解，并能执行新的任务。在 AI 绘画领域，Midjourney、Dall-E2 和 Stable Diffusion、PS、AI 等对设计领域有了一个颠覆，成本更低，效率更高。一般设计师需要几天才能完成的设计作品，Midjourney 和 Stable Diffusion 等一天就可以生成几千张。那么对普通人来说，普通人也可以做设计。无须绘画功底，借助 Midjourney、Stable Diffusion、Dall-E2、PS、AI 等工具，普通人也能成为设计大师。这些 AI 绘图工具可以帮助设计师获取灵感，实现脑洞，即人类的创造力。GPT-4 和 AI 绘画能够帮助很多人脑洞大开，更有创造力。**AI 创造了很多新的行业，**例如提示词工程师、人工智能应用测评师、AIIP 操盘手等等。**AI 让人类社会以及公司、个人都产生了变革，**因为 AI 会让人的思维、行为、消费习惯发生改变，我们有时要用 AI 思维来处理问题。从行为上要提高自己综合能力中使用 AI 工具能力的水平；从消费习

惯上，小模型训练、场景模型也会成为很多企业应用的必备，**AI也会引发超级个体的大规模崛起，**用好AI工具，1个人可以干5个人以上的活。而且AI深入了很多的细分行业，实现提效和行业洗牌。AI思维是未来人人都要学的东西，AI客服微信机器人、AI品牌营销、AI数字人等等会成为很多行业的必备。从自媒体和个人IP这两个行业来看，AI会加速自媒体和个人IP两个行业的发展，做自媒体的门槛会更低，而且会加速个人IP的打造。2023年也是视频号商业化的第1年，AI写文案＋数字人视频＋视频号矩阵会让更多的人更轻松地打造个人IP和影响力。现在有很多人做着脑力劳动，那么凡是这种知识劳动型的岗位都有机会利用AI来降本增效，凡是目前边际成本低的商业，都有机会利用AI赋能起飞。

AI正在深度渗透很多细分行业，从医疗、教育到金融等行业，数据驱动的决策支持系统在提升效率、优化工作流程方面发挥着重要作用，AI不仅升级了传统业务模式，还推动了行业的革新改造。从6月开始，AI的热度就在持续下降。从6月到7月，浏览搜索量从17亿人次降低到15亿人次。我们能在这个行业做些什么？其实只有两个选择。**第一个是我们重新思考自己之前的工作方式，以及现在如何通过AI工具来提高自己的效率。第二个就是全部进这条赛道，通过教授别人使用AI工具来挣钱。**大家都知道，做大模型的成本很高，显然跟这个世界上一部分的人没有任何关系。但是这个世界充满了信息差、认知差、执行差、竞争差。从信息差角度看，大家可以去卖AI的知识付费以及社交属性的AI社群。从认知差角度看，AI还属于早期阶段，因为它是10年内最大的风口和趋势，今年才是第1年，AI的普及教育任重道远，所以存在认知差。**对于执行差，很多人只有认知，并没有真正让自己的行业提效，所以可以帮助他们落地提**

效。**最后是竞争差，想明白了就赶紧干，做什么事情不要马上要求完美，**因为完美主义是人性的弱点，一定要先完成再完美，在行动中改善，而不是在想象中退却。

从影响力方面看，也可以让很多在各个行业的人树立起自己的影响力，率先通过这些工具提高效率，再去分享自己的经验。人在各个行业都需要有影响力才能更好地做事，我们固然不能否定能力的重要性，但是有影响力有时比有能力更重要。有影响力能被更多的人看到，能接触到更多的机会。追求影响力的人群关注他人，擅长处理人际关系，待人接物的能力很强，合作能力也很强，关注集体成就，以结果为导向；追求能力的人更多地关注自己，提高自己的专业技能，增加自己的知识储备，提升自己的学习能力，提高自己的执行能力，关注的是个人的成就，关注的是过程导向。

人生所有的问题都靠成功来解决，人生所有的成功都靠成长来解决，人生所有的成长都靠学习来解决，人生所有的学习都靠自己来解决，所以我们要向内求，通过不断学习、不断突破，获得成长和成功。

我是一个长期主义者，我建议大家要用未来视角来看现在所做的事、想做的事、要做的事，把时间线拉长，才能够看到这件事对未来的影响，进而用未来视角来为现在做决策。最后我祝大家在 AI 时代都能有飞速的进步，成长成功，富而喜悦！

无论线上还是线下，商业本就是一层又一层的降维打击！

用 AI 赋能私域

■苏局局

12 年市场营销人

私域千万元级操盘手

有 3000 多个销冠铁军社群运营经验

如果让我用一句话说出自己的标签（朋友眼中的你），我曾是横跨两个高危行业的设计师，有一身“反骨”的 12 年市场营销人。

我为什么选择成为这样的自己？

我是苏局局，曾经是横跨建筑业与广告业的设计师，但因更想与人打交道，于是转行做市场营销，一干就是 12 年。

可我心中始终给自己保留了“技术党”的标签，热爱一切最新、最前沿的技术和工具，人前我是“社牛”，人后依然是那个主打“人机合一”的“技术党”。

过往最大的成长

我有 12 年市场营销经验、5 年品牌营销经验、5 年互联网商家运营经验、2 年知识 IP 私域操盘经验。

我赋能 100＋知识 IP 通过私域发售陪跑，从 0 到营收额 10 万元、30 万元、50 万元、100 万元……

我是 5 个百万 IP 经纪人，陪跑私域活动超过 100 场。

5 年品牌营销经验，让我初入知识付费圈，就迅速确定了个人策略——直接付费走到客户身边，打入客户内部。

2021 年 9 月，“双减”、疫情两座大山，让教育赛道的头部公司的业绩统统腰斩，教育 IP 如雨后春笋般冒了出来，以迅雷不及掩耳之势抢占了家长的心智，填补了 K12 课外辅导的空缺。我瞄准这个赛道一定有红利，当时自己并没有“私域操盘手”这个定位，我想做的是教育 IP 的线上营销策划项目经理。我深知自己在这个赛道没经验、没背景、没专业，可能没有人选我，所以我果断付费先和IP们做同学，教育IP在私域起势到底会踩什么坑，我必须自己先踩一遍。

选择IP定位时，我选了一个所有教育IP都能讲一点的“儿童时间管理”，选这个细分领域，原因有两个：**其一，我翻遍了某知名商学院150+教育IP学员的案例，只有1位是儿童时间管理，还沉没在底部，我迫切需要的就是这种低门槛、易上手的定位**，让我可以快速在私域变现的闭环里跑起来，以最快的速度了解私域变现的底层逻辑；**其二，这个定位足够安全、不扎眼，不会触发教育IP的竞品意识**，儿童时间管理几乎是每个教育IP知识产品通用的附加权益，我要用这个足够安全的定位，去撬动一个又一个教育IP的资源。

我的私域操盘经历由一个又一个的“3个月”里程碑事件组成。

我身为2个孩子的妈妈，有多年亲子时间管理的实战经验。多年的市场经验，让我深知不用将专业技术打磨到90分才开始变现，30分的时候去帮助10分的人，50分的时候去帮助30分的人……无论线上还是线下，商业本就是一层又一层的降维打击！

疫情和“双减”期间，10—20分焦虑迷茫的家长比比皆是，我用3个月的时间跑通了自己定位的百元训练营和千元私教计划，在3个月赚回万元学费后，我又有了一个新的发现。

许多教育IP线下转型线上，为了避开K12提分产品都选择了特定年龄段的细分定位，手中囤积了不少无法变现的流量，这些无法刺激成交的流量成了躺在微信好友列表里的数字，让他们束手无策，也无可奈何。

此时5年互联网商家运营的经验，给了我策划“流量置换与流量二次变现”的活动灵感。

我链接挑选了 5 个定位不同、目标人群相近、流量相近、产品价格相近的教育 IP，发起了一场联合课堂。每人把各自的流量邀请进群，同时听 5 位老师讲课，最后发售 5 门课程的通用优惠券，A 老师的付费学员可能买了 B 老师的课程，B 老师无法成交的对象可能买了 C 老师的课程，群里不少家长连抢 5 张优惠券，最终 5 位教育 IP 的流量都有了 4 倍扩张置换和二次变现。

接下来的 3 个月，我搞过 3 人课堂、5 人课堂、7 人课堂、10 人课堂，短期内用流量＋发售活动的方式搭建起自己线上营销策划的专业网络，邀请每一位参加联合课堂的 IP 给我写用户好评，为我持续“滚雪球”。3 个月过后，教育 IP 个人发售项目接踵而来。

同时，我以私域发售导师的身份，通过二次付费进入了有 4 万人的学员圈，沉下心把目标先放在单场发售额为 10 万元的 IP 身上，那时的业务如果用一句话形容，那就是“接不完，根本接不完”。

一个月约 4 个星期，每个星期一头一尾可以挤进 2 场活动，最多的时候，我 1 个月跑了 7 场。

只能感慨圈子选对了，10 万元级教育 IP 真是太多了，在跑完 50 场活动后，我把目标放在了 30 万元级的 IP 身上，再到 50 万元级的 IP，2023 年我的目标持续锁定在单场 30 万—50 万元、年营收 100 万—200 万元的腰部 IP 身上。

我深知超级个体做教育 IP，没有时间、精力、财力打造线上团队，靠一人完成私域闭环年入百万或许并非难事，但发售就必须靠杠杆操盘服务，所以未来 3 年我要助力这群百万元级教育 IP 快速实现业绩翻倍。

而我一人带 3 位兼职运营官可以做出优秀业绩的底气，就来自 AI。

2023 年的头 3 个月，我正在梳理自己的业务体系，思考如何把单场 30 万元的服务模式变成一套标品，快速往一个又一个教育 IP 身上复制。梳理出内容体系时，看着环环相扣的公众号、短视频、朋友圈、产品海报、活动海报、公开课 PPT、社群文案……我盘算着我要为多少人提供服务，才能搭建起这套标品体系。

此时 AI 横空出世，让我每场活动只需带领 1 位运营官，就可跑全流程。

运用 AI 批量写活动公众号、活动朋友圈，我只需要布局时间脉络即可；运用 AI 插件快速出活动海报，把与海报师反复核对、沟通、改稿的时间都省了；PPT 大纲一出就可一键生成文档，只需要美化润色就可以开始彩排了。

AI 工具的出现，使我觉得像招募到了一个只有内卷、没有内耗的助理，我睡觉时，它工作；我开会时，它工作；我工作时，它还在工作。它没有精力和体力的天花板，也完全没有情绪内耗。最关键的是，它不仅让我降本增效，还让我的业务涨价了，因为提供的服务成体系了，交付的周期更快了。

在百万 IP 们纠结是否需要搭建自己的小团队来提升业绩时，我说不需要，有 AI 就好；在知识 IP 操盘手们纠结是否要招募固定协作团队来保证质量时，我说不需要，有 AI 就好。

靠山山会倒，靠人人会跑。成功不能只靠自己，一定要找对高势能的工具，来跟自己合作。AI 就是这个高势能工具。

有人刚入行，给他什么建议？

这两年我能在知识付费私域操盘快速起势原因有三。

一是敢于花钱，你付费的速度说明了你行动的速度。我敢花多少钱，就敢收多少钱。

二是敢于破圈链接，我用品牌营销与用户运营的思维，接触更好的资源，敢于批量自我展示，敢于从弱链接推向强链接。

三是敢于让问题浮出水面，拥抱问题，不局限于过往认识，用AI工具解决问题。

因为我坚信，AI 将是未来十年最大的时代红利。

轻松搞定阅读量超过10 万次的爆款文案

■台风

AI 自媒体教练，擅长爆款文案指令定制

GPT 任务指令“BRTR 原则”作者

8 年产品专家、腾讯前产品经理、二次元公司合伙人

放弃价值 500 万元的创业股份，投身 AI 浪潮，成为一个 AI 超级个体，变现数十万元。

一个产品经理，独立开发了十几款 AI 应用，如 AI 律所、角色生成器、小红书生成器……做一个爆一个，巅峰时期日访客过万，还吸引了 AI 大佬王小川主动加微信。

搭上 ChatGPT 的流量顺风车，仅花大半年时间，AI 公众号矩阵就积累了近 3 万名粉丝。

我创作的 AI 提示指令，竟帮助不少学员轻松打造阅读量超过 10 万次的爆款文章，还有企业客户愿意付费几万元定制提示词。

我是台风，一名 AI 从业者，专注于 AI 自媒体和 AI 营销方向，以下都是我在 AI 元年的神奇经历。

放弃价值 500 万元的股份，全职做 AI

我做了 8 年的产品。2015 年从武汉大学营销系毕业后，我先在腾讯工作了 3 年，然后 2019 年和朋友一起创业，方向是二次元内容电商社区，我担任产品合伙人。创业项目成功拿到了千万元融资，拥有近 200 万名用户，年营收超过千万元。

创业辛苦打拼 3 年，获得价值 500 万元的股份。为何我愿意放弃股份，出来全职做 AI 自媒体？

因为我坚信，AI 将是未来十年最大的时代红利。

正如比尔·盖茨所说：“ChatGPT 有着重大的历史意义，不亚于 PC 或互联网的诞生。”

我在 2008 年读高一时，开始接触互联网项目，自学建站和推广。15 年间，我见证了 PC 互联网向移动互联网发展，再往人工智能升级的整个过程。我深刻地感受到，是时势造就了无数的创业英雄。

2015年前后，国内涌现出一波人工智能的技术热潮，我从那个时候开始关注AI。

当时间来到2023年，ChatGPT让我们看到了强人工智能的曙光，它引发了全球级的流量狂潮。此时，AI已经脱胎换骨。如此大规模的产业跃迁，意味着一次重新分配知识和财富的新机会，于是我毅然选择入局。**站在AI的大风口，早，就是优势。**

为了挖掘AI的商用价值，我做过很多尝试，AI产品应用、AI企业培训、AI自媒体、AI指令定制……**经过一段时间的探索，我认为当前最成熟的领域是AI＋内容创作。**

ChatGPT是一个擅长生成创意内容的超级智能助理。用好ChatGPT，小白就能轻松写出60分的内容，专业玩家完全可以写出商用级的文案。AI的写作效率非常高，几分钟就可以完成一篇质量不错的文章。“十倍提效”并非噱头，已经得到大量实践验证。

我服务的多家企业，都在积极拥抱AI。一家老牌营销公司的高层，参加完我的AI营销培训后，表示要坚决转型AIGC。还有自媒体培训公司请我担任AI转型顾问，把AI应用到培训中。在帮助客户提效的同时，我自己的业绩也大幅增长。

我创办的“AI公众号爆文变现营”，7期累计培训了300多位学员。通过系统学习我的GPT写作指令法“BRTR原则”，很多学员都用AI写出了阅读量超过10万次的公众号爆款文章，有的学员的文章阅读量甚至达到上百万次，获得近万元的流量广告收益。

AI写出来的内容好不好，关键在于提示指令（Prompt）的质量。

一条稳定有效的提示指令，价格可以高达几千元、上万元，我的一位客户就付费数万元请我定制销售信的提示指令。

那么，怎样才能用好 AI，写出阅读量超过 10 万次的爆款文案？

GPT 任务指令：BRTR 原则

刚开始用 ChatGPT 写作时，可能会遇到各种卡点：文笔不行，太生硬，某些要求没有满足等。

ChatGPT 虽然很智能，但通用 AI、云共享、概率生成、记忆短暂这些特点，决定了它只是一个实习生级别的智能助理。它没有面向读者写作的经验，所以一条指示不明的提示指令，得到的结果注定是不令人满意的。

跟 ChatGPT 合作，其实是一个人机共创的过程。

我们的身份是导师、评审，需要了解 ChatGPT 的优缺点。每次布置任务，我们需要把自己的业务经验、最佳实践告诉它，将任务要求说清楚。

什么样的提示指令框架，既能让 ChatGPT 更好地理解和执行，又能让初学者更容易上手呢？

ChatGPT 已经可以被视为“数字生命”，把它当作人来看，你会发现两者的沟通技巧是相通的。

参照工作、生活中布置任务的高效话术，我总结了一套简单好用的 GPT 任务指令框架——BRTR 原则。

GPT 任务指令＝说背景（B）＋定角色（R）＋
派任务（T）＋提要求（R）

说背景（B）： 说明布置任务的前提和缘由、面临的问题等，提供必要的解释。

定角色（R）： 设定 ChatGPT 扮演的专家角色，限定专业领域的回答范围。

派任务（T）：简单介绍任务的主题、概要和预期，明确ChatGPT的任务。

提要求（R）：具体的任务要求，如内容标准、参考示例、输出格式、流程规则。

BRTR原则是一个明确高效、容易上手的结构化指令模板，更贴近我们自然沟通的习惯。基于这个模板，我们可以快速创作出优质的ChatGPT沟通话术，减少不必要的返工和追问，提高交流效率。

BRTR原则由我正式提出并打造成一个完整的体系。我已经利用BRTR原则，帮助上万人轻松掌握了向ChatGPT高效提问的方法。

GPT写作指令法

那么，在写作场景中，该怎么向GPT布置任务呢？

GPT写作指令法，是我专门为AI写作场景定制的。文章的内容要求与设定可以全部整合到“BRTR原则”这个指令模板里。

说背景（B）：在什么平台运营什么主题的账号，受众是谁，目标策略，人设，风格等。

定角色（R）：设定对口的专家身份、特定经验技能。

派任务（T）：简要介绍写作任务的方向、预期效果。

提要求（R）：语言风格、内容结构、写作技巧、模仿示例、创作流程。

编写提示指令时，4个任务要素可以按需组合或精简。

如果指令的设定比较简单，可以直接写成一段或者分行编写。

以下是一个提示指令的简单示例。

背景：我在小红书上运营一个美妆账号，23岁的东北妹子，写文案喜欢带口音。

角色：你是一名资深的小红书文案专家，精通编写用户喜欢的小红书爆款文案。

任务：请你帮我围绕主题“YSL经典口红”写一篇小红书爆款文案。

要求：

①表达要口语化。

②标题吸引人。

③要多使用Emoji表情图标。

④适当描述自己的使用体验和进行评价。

⑤文案不要超过500字。

⑥文案最后生成相关标签。

如果任务指令比较复杂，可以划分为［任务设定］和［任务要求］两个模块，让结构更清晰。

以下是一个提示指令的复杂示例。

［任务设定］

背景：我在运营一个情感故事主题的微信公众号，受众是爱看八卦的中老年人群。

角色：你是一个资深的爆款情感故事作家，擅长写用户爱看、吸引人的爆款情感故事。

任务：请你编写一篇1200字的情感故事文章，要遵循叙述模型，保持故事起承转合的连贯性和吸引力。

[任务要求]

〈创作流程〉

1.×××××

2.×××××

〈内容结构〉

-×××××

〈语言风格〉

-×××××

〈写作技巧〉

-×××××

在实际使用中，通常无法通过单轮问答就得到一个高质量的答案，可能还需要通过追问、补充、纠正等方式，来逐步完善ChatGPT的答案。

设定 AI 写作要求

爆款文案都是有模板和套路的，设定的内容要求越详细，约束性、可预期性就越强。

我对文章的构成做了像素级的拆解，归纳出 AI 写作的内容框架，最重要的 3 大要素包括语言风格、内容结构、写作技巧。

给 ChatGPT 布置创作任务时，我们还可以提供模仿示例进行参考，约定创作的流程规则等。

以下是一个关于 AI 写作要求的万能公式。

AI 写作要求＝语言风格＋内容结构＋写作技巧＋模仿示例＋创作流程

语言风格

语言风格影响读者的第一观感。段落句式的长短、口语化或专业严谨的行文风格、是否使用流行词汇，都给人截然不同的感受。

如果让 ChatGPT 模仿名人风格，如鲁迅、王家卫、乔布斯等，则会有很强的个人风格辨识度。

内容结构

内容结构决定了文章论述的内容让读者读起来是否流畅合理。

一般可以参考写作模型的逻辑，比如小说故事可以用叙述模型来搭建内容结构。

写作技巧

借助写作手法、技巧，可以为文章增加文采和吸引力。

例如，悬疑设问能引发读者的好奇心，故事案例会让人感同身受，金句则令人印象深刻。

模仿示例

模仿示例可以让 ChatGPT 更容易理解我们想要的内容效果，充分发挥它模仿创新的能力。

特别是当要求、描述过于抽象时，模仿示例就很重要。

模仿示例可以单独呈现，也可以融合在语言风格、写作技巧里，按需添加。

创作流程

当一个任务涉及多步骤时，比如设置了“先给主题、列大纲、再创作”这样的创作流程时，ChatGPT 则会根据规则逐步交互处理。创作流程不是必需的，按需约定。

AI 未来：未来已来

自从进入 AI 元年，AI 生成内容的模式已经在颠覆整个自媒体、内容营销行业。

可以预见，AI 创作将会像办公软件一样普及流行。掌握结构化提示词的方法，会是一项含金量极高的硬技能。

但我们也要清楚，现阶段 ChatGPT 相当于一个高学历、高智商的实习生，需要我们担当导师去引导它完成任务。AI 作为辅助工具，是个人认知和能力的放大器。

放弃价值 500 万元的股份全职干 AI，说实话，我并不后悔。

我很庆幸，自己能够跟随 AI 的浪潮乘风启航，去往全新的大陆。有了强大的 AI 工具辅助，我成了一个 AI 超级个体，开启了自由工作、数字游民的人生，这是我理想的生活。

我也很荣幸，凭借自己对 AI、自媒体、内容营销的理解，能够帮助我的学员和客户，让 AI 也成为他们的生产力工具，赋能内容创作，十倍提效。

我们对 AI 的期待，正在一步步变成现实。

未来，已来。

成功的商业 IP，不仅需要创新的思维，更需要高效而精准的商业策略。

将创新思维与商业策略结合，成为真正的实干家

■吴公子

投资人

实干家创投私董会主理人

实干家商业 IP 访谈发起人

MCN 公司创始合伙人

在这个充满挑战与机遇的商业世界里，我们经常听到“实干家”这个词。

实干家，不仅是行业的领跑者，更是时代的引领者。他们有梦想，有情怀，也有能力，但在快速发展的新媒体时代，许多实干家却显得犹豫不决。他们在原有行业中深耕细作，对于新兴事物仍在探索之中。这不是因为缺乏勇气，而是对未知保持谨慎和对现状负责任使然。但现在，是时候打破旧有的框架，携手迈向新的商业旅程了。这篇文章就是要探讨如何找到那些有使命感的企业家，与他们一起创造一个有意义的未来。我们不应该让这些有能力的实干家被时代抛弃，而是应该与他们共同迈进一个充满可能性和创新的新时代。

当我们谈论商业成功时，我们经常会提到那些响亮的品牌名称和耀眼的企业形象。但在这些成功的背后，有一个关键因素常常被忽视——那就是商业 IP。**在这个信息爆炸的时代，一个有力的商业 IP 就像茫茫人海中的一盏明灯，不仅能够照亮品牌的路径，更能引领消费者前行。**商业 IP 的力量在于它的独特性和创新性，它能够让品牌在众多竞争者中脱颖而出。但问题是，如何打造一个既有创新性又具有市场影响力的商业 IP 呢？本文将探讨这一问题，揭示实干家在商业世界中如何通过创新思维和精确的商业策略，创建并维护一个成功的商业 IP。

在当今这个竞争日益激烈的商业世界中，有一个词汇频繁出现在各大媒体和论坛上——商业 IP，但是，真正能够理解并成功运用商业 IP 的实干家屈指可数。那么，什么是商业 IP？它为什么如此重要？我们如何才能创造并成功运营一个独特而强大的商业 IP 呢？

如何在激烈的市场竞争中，通过创新思维和商业策略打造独特的商业IP？

商业IP的核心，在于它的独特性和市场吸引力。在一个充斥着无数信息的市场中，一个强大的商业IP能够帮助你的品牌或产品脱颖而出。首先，你需要通过创新思维突破传统框架，发现或创造那些别人未曾触及的市场需求和机会。接下来，你需要通过精心设计的商业策略，将这些创新思维转化为实际的产品或服务，从而在市场上形成独一无二的价值。但问题是，很多企业家在这个过程中遇到了困难。他们或许有创新的想法，却不知道如何将其转化为实际的商业策略；或者他们有完善的商业计划，却缺乏创新的灵感。结果往往是，他们创建的所谓“商业IP”不过是市场上的又一个模仿品，无法在竞争中脱颖而出。

为什么传统思维模式在今天的商业环境下不再奏效，而创新思维成为关键？

传统的商业思维模式，在过去可能非常有效，但在当前的快速变化和高度竞争的市场环境下，它已经逐渐显露出局限性。传统思维模式往往过于依赖过去的经验和成熟的市场规则，缺乏灵活性和创新能力。然而，市场不断地演变和更新，那些固守旧有模式的企业，往往会错失市场的新机遇。相反，创新思维则能够让企业家在变化中寻找到新的突破点。它鼓励我们跳出固有的思维框架，敢于尝试新的方法和策略。更重要的是，创新思维能够帮助我们更好地理解和适应消费者不断变化的需求，从而创造出更具吸引力的产品和服务。正是这种思维的转变，使得一些先锋企业能够在市场上脱颖而出，而那些坚守传统的企业，则可能逐渐失去市场份额。

商业策略如何与创新思维相结合，共同推动商业 IP 获得成功？

成功的商业 IP，不仅需要创新的思维，更需要高效而精准的商业策略。这两者的结合，就像是一场精彩的舞蹈，既需要灵感的火花，也需要准确的步伐。**首先，创新思维为商业策略提供了肥沃的土壤，**它能够帮助我们识别那些被传统视角忽视的机会，从而开拓新的市场空间。**其次，有效的商业策略能够确保这些创新思维转化为具体的行动和成果**。这包括市场定位、产品开发、品牌传播等多个环节。一个成功的商业 IP，不仅仅是一个好点子或一个创新的概念，它更是一个经过精心设计和执行的商业计划。这个计划不仅要考虑市场需求，还要考虑成本控制、资源配置、渠道建设等实际问题。只有当创新思维和商业策略完美结合时，我们才能创造出真正有影响力的商业 IP。

对于我而言，专业投资的十年岁月是我职业生涯中的黄金时期，也是我不断挑战自我、追求卓越的重要时段。这一时期，我将焦点转向了专业投资，通过深入的市场分析和战略投资，创造了令人瞩目的财富增值。这段旅程不仅锤炼了我的投资眼光，更培养了我对商业变革的敏感度，也为我给实干家们进行商业定位积累了很好的商业经验。

在我的人生旅程中，还有一段不可或缺的经历。曾经因为家庭巨额负债，我被迫开始创业，但正是这段艰苦的创业过程，打磨了我的意志力和对于真实商业世界的理解力。我不仅仅站在投资人的角度看待商业，更躬身入局，亲历市场的波诡云谲，也曾经创造了最高年收益 30 亿元的高光时刻。这些经历于我而言弥足珍贵。

成功的商业 IP 背后，实干家需要具备哪些核心素质和实践经验？

成功的商业 IP 背后，不可或缺的是实干家的核心素质和丰富的实践经验。这些实干家不仅具备敏锐的市场洞察力，还拥有勇于创新和不断尝试的精神。首先，他们能够深刻理解市场和消费者的需求，能够准确捕捉市场的细微变化。其次，他们敢于冒险，愿意尝试新的商业模式和策略，不惧失败。再次，实干家还具有强大的执行力。他们不仅仅是思考者，更是行动者。他们能够将创新的想法转化为实际的行动和成果，确保商业 IP 的成功实施。最后，持续的学习和自我更新也是实干家不可或缺的特质。在这个快速变化的时代，只有不断学习新知识、新技能，才能保持竞争优势。这些素质和经验共同构成了实干家成功打造商业 IP 的基石。

商业访谈对打造商业 IP 的意义重大

商业访谈不仅仅是一场简单的对话，它还是一次思想的碰撞、智慧的交流、经验的共享。对实干家来说，商业访谈不只是获取信息的渠道，更是灵感的源泉，是学习和成长的机会。在每一次对话中，实干家们不仅分享他们的故事和经验，更重要的是，他们在探索未知、挑战自我。这些访谈激发思考，促进创新，帮助实干家们更好地适应不断变化的商业环境，引领他们走向更宽广的未来。所以，**商业访谈不仅是对话，它还是实干家们通往成功的桥梁，是他们在这个快速发展的时代中继续前进的动力**。让我们一起期待，更多实干家通过这些访谈，找到他们的方向，创造更加辉煌的未来。

我们的讨论终将落幕，我想找到一群有使命感的企业家，共同创造一个有意义的未来。实际上，许多实干家正埋头守住自己的原有行业，对新事物的接受和理解还显不足。他们渴望接触新媒体，却对于是否全力投入感到犹豫。这些拥有梦想、情怀和能力的实干家，绝不该被时代抛弃。通过进行深入的商业访谈，我们不仅能让更多人全面地了解这些实干家，更能与他们携手迈向充满可能性的新未来。商业访谈在这里发挥着至关重要的作用：它不仅传递信息，更交流灵感与智慧，推动实干家走向更广阔的天地。这是一段关于认识自我、拥抱变化和共同成长的旅程，让我们与这些优秀的实干家携手，共同书写未来的新篇章。

当你有了内在的光，就不再有恐惧，即使外面一片漆黑，你的光也足够照亮自己的道路。

宝妈多次踏上创业征程，寻找内心的光

■维纳斯（Venus）

维纳斯瑜伽创始人

11年资深孕产瑜伽导师

中山女性成长俱乐部主理人

我出生在广东中山，广东的一个三线城市。我是爸爸妈妈的独生女儿，因为爸爸做生意，所以我从小就被爸爸灌输一个观念："工"字不出头。意思是如果以后想有成就，就不要去打工，而要去创业。

爸爸出生在20世纪50年代末的农村，从一个子承父业的工人，一路跌跌撞撞，白手起家，最后成为一个小商店的老板。刚好遇上80年代改革开放的红利期，那时候广东是最先开始发展经济的地方，创业当老板比现在容易（反正我是这么觉得的）。小时候，总觉得爸爸挺有钱的，我想买什么，他好像都能够满足我。

后来，我慢慢长大，在爸爸的影响下，越来越想自己当老板。可是创业哪有想象中这么简单呢？想创业得先有个项目吧？大学时候的我懵懵懂懂，并不太清楚自己的目标和方向。

我大学毕业那会儿，曾经向我爸爸提出创业的想法，可是爸爸说，我还小，需要积累点经验再说创业的事情。没有办法，我只能去找工作了。还记得第一份工作是在早教中心做校长助理，算是和自己的专业比较对口吧。那时候，试用期工资才1800元一个月，真的少得不得了，以我的大学文凭，在中山怎么样也得有个3000元吧。但是当时还年轻，不太计较金钱，主要是想积累点经验。刚好跟的那个校长是个ABC（美籍华人），跟我特别投缘，也很想培养我的能力。从早教中心的开业筹备、采购，再到后面的市场策划、人才招聘和新人入职培训，甚至课程销售工作，统统交给我负责。我那时候只是一个应届毕业生，就是一个"小白"，啥都不懂，但就是因为有了那几个月的磨炼，我迅速地成长，并能独当一面。

可是好景不长，因为某些原因，校长被迫离职，好几个跟我关系比较好的同事也都前后离职了。工作得不太顺心，好友们离职了，我也向当时的老板提出了离职。在辗转过好几个不同行业、打过几年工后的我，开始思考自己的人生，我到底适合干什么呢？我是不是能自己当老板了呢？

从初中开始，因为想减肥（当时有点胖），我和我的闺蜜了解到了瑜伽，不过去瑜伽馆练习瑜伽不是我们初中生支付得起的，我们只能跟着DVD、电视和一些瑜伽书去练习。后来，出来工作后，就开始有一定的经济能力到瑜伽馆去练习。还记得我当时在国际货运公司上班，刚好那边有个瑜伽导师培训课程，前台姐姐问我要不要报名参加，需要交6000—7000元的学费，那时候我的月工资还不到3000元，怎么办呢？我很想多掌握一门技能，哪怕当个兼职也好啊。当时，我就鼓起勇气找我爸爸借钱，没想到，我爸爸很爽快地答应了，还拿着7000元钱跟我说："不用着急还给我，你拿去交学费吧。等你什么时候赚钱了，再还我也不迟。"我很激动。

就这样，我开启了为期3个月的瑜伽导师学习时光，每天晚上下班后，就跑到瑜伽馆上教练班。3个月后，我顺利地拿到亚洲瑜伽协会的高级瑜伽导师的证书。可是，问题又来了，我应该怎么开启我的瑜伽事业呢？

就在这个时候，我的一个闺蜜对瑜伽很感兴趣，我就想着要不免费给她上个私教课，我顺便练练手。她知道了之后，很爽快地答应了。每周一有空就跑到我家里来上私教课，还给我介绍了几个私教客户，于是我就有了我的第一笔兼职收入。还记得当时我私教的费用特别便宜，才120元一节课。可能是因为便宜，我的私教客户又帮我转介绍，我周一到周五晚上的私教课程一下子就被排满了。是不是觉得特别顺利？哈哈哈，我也觉得自己好幸运。

再后来，我就有了想开一个属于自己的瑜伽工作室的想法，爸爸也相当支持我，还将我们家的旧房子给我当工作室。因为当时和一个学瑜伽的同学合伙，爸爸当时每月只收我1000元的租金，所以经营起来没有太大的压力。我开始印宣传单，在朋友圈做推广，原来的私教会员、同学、朋友都帮我宣传，一下子就招来了第一批小班课的会员。我家的老房子才100平方米左右，客厅作为大教室，每次最多只能容纳6个会员，但是每次小班课几乎都爆满。我每天晚上一下班，就跑去工作室给会员上课，有时候小班课和私教课冲突了，我就让我当时的合伙人去上课。可是，合作了半年左右的时间，我的合伙人就开始和我有意见冲突，最后只能散伙，剩我自己单干。从那时候开始，就开启了我长达9年的一人一馆的创业生涯。

在读大学的时候，由于受到国外的文化影响比较大，我一直留意孕妇瑜伽课程。刚好那时候我在备孕，我就去上了孕产瑜伽的教练培训班。就这样，我走上了我的孕产瑜伽教学之路，也在经营瑜伽工作室的第6年生了二宝。勤奋的我，在怀二宝的时候，考了全美联盟的国际认证孕产导师资格证，还开了我的第二个工作室。在这10年里，我累计帮助超过100名女性做孕期和产后的修复和塑形。**在这个过程中，我见证了她们的成长与蜕变，看到她们从刚刚来上课时的各种不自信（因为身材不好），到后面身材越来越好，身体也更加健康，我觉得特别有成就感。**

可是当我以为一切顺风顺水的时候，2020年就遇上了疫情。那时候，我觉得很不可思议，我辛辛苦苦经营了6年的工作室，第一次遇到了危机。疫情严重时的那种处境，相信很多人都经历过。那段时间，我整个人都处于崩溃的状态，所有人都不能正常外出，谁能来上瑜伽课呢？就这样，经历了起码2个月停工的日子，本来以为熬一阵子，疫情很快就会结束。谁知道，过了3年才结束。

而且关键是疫情的那几年，我的工作室附近居然开了很多环境很好、价格也不算贵的瑜伽馆。不想随波逐流的我，在 2022 年忍痛关闭了我的第二个工作室，只保留开在自家房子里的那个工作室。好不容易等到疫情防控政策放开，但是因为之前的 3 年，很多企业倒闭，大量的人员失业或者降薪，工作室的生意明显比以往更加难做了。面对越来越多的竞争对手，还有瑜伽同行各种各样稀奇古怪的销售套路，我又一次感到迷茫了。在创业路上，我到底应该何去何从呢?

好在 2022 年底，我的事业又迎来了一次转机，我遇到了我的文案导师——卓雅老师。在这一年里，跟着卓雅老师学文案，学相关课程，慢慢地，我原本焦虑的心变得不再焦虑，而且内心有了很大的力量。

通过一年的文案学习和朋友圈布局，在朋友圈展示生活、工作、价值观等等，我吸引来了一群粉丝。他们默默地支持我、关心我，被我的文字所触动，并愿意来靠近我，我的工作逐渐又有了起色。自己这些年在不断地摸索，不断地投资大脑，去学习，去迭代自己的思维。2023 年，我在事业上又有了很多新的想法，我的工作室开始融入美式整脊、筋膜刀等技术，也找到了志同道合的合作伙伴，还开始研究加入新的高科技体型管理项目等等。

由于自己是个宝妈，在这 10 年创业期间，一边摸索工作，一边照顾家庭，我深刻地感受到女性面对的各种困难和挑战，尤其是和一些女性好朋友及学生聊天的时候，更是感受到她们的困难和不容易。于是，我产生了一个想法，我想要给她们一个更好的成长平台，就和几个闺蜜一起成立了一个女性成长俱乐部，想要给我们的会员提供各方面的增值服务，每个月不定期地举办不同主题的沙龙，例如体型管理、户外瑜伽、护肤美妆、DIY 课程、咖啡品尝等。

我的人生再次找到了目标和方向，我不再是10年前的我，我开始慢慢地蜕变成一个更优秀的自己，也开始慢慢地跳出自己的舒适圈，尝试去做视频号、去写书、去建立属于自己的团队。

我觉得，我找到了自己更想去做的事情，因为如果只是当一名瑜伽老师，可能只是从身体方面去帮助别人，但如果能从身、心、灵上入手，那就可以帮助到更多的人。未来的3年，我希望帮助更多的女性，一起成为更优秀的自己。

这几年，看到身边很多的女性朋友饱受不良情绪的困扰，我就开始思考，如果我能把她们的情绪释放出来，能帮到她们，那不就能让更多的家庭更幸福吗？于是，我开始研究广东周边城市的旅修项目，想要帮助有情绪问题的朋友们，尤其是女性，摆脱焦虑、抑郁、迷茫等负面情绪，重新认识自己，懂得生命的真谛。

虽然，在这10年里，我曾经好几次想过放弃创业，但是经历了各种挑战和失败，我才发现，不逼自己一把，你都不知道自己原来这么优秀。当一个人决心要做好一件事情的时候，没有什么能够阻挡你，如果一件事情做不好，是因为你还不够想要。

当你有了内在的光，就不再有恐惧，即使外面一片漆黑，你的光也足够照亮自己的道路。

这就是我的创业历程，不知道看到这里的你，是否也找到了内在的光呢？

女人在任何时候都要坚持学习和成长。哪怕你跌倒过，但只要你不放弃，那么当别人伸出手的时候，才够得到你！

坚持学习和成长，才能把每一天都过得热气腾腾

■娇娇

商业文案变现教练

高级家庭教育指导师

有 11 年儿童教育指导经验

我是娇娇，来自大美新疆，是一家托管机构的创始人。结婚有了孩子之后，想着能陪伴孩子，顺便赚点钱，我就开了一家托管机构。

刚开始那两三年，生意还挺红火，我一边带娃，一边赚钱，生活还算过得去。眼看结婚前欠的外债即将还清，谁知好景不长，遇上了疫情，仿佛全世界都被按下了暂停键。

居家的日子总是焦虑的，没有收入，不得不靠啃老来维持一家的生计。我从小受父亲的影响，总觉得啃老是大不孝，所以心里面一直有道坎儿过不去。

后来，疫情防控政策慢慢放开，学生恢复了正常上学，但学生来得很少，尤其一到放假，都跑去上钢琴、舞蹈兴趣班了，要么就是被家长带着出去旅行了，所以整整一个暑假只有 2000 元进账。

眼看还房贷的日子快到了，二宝还在等着喝奶粉，加上亲朋好友的人情往来……钱一不够花，人就容易焦虑，心理压力大。

结婚以来，自己一直省吃俭用，把省下来的钱都优先给孩子和老公用，买过最贵的衣服也没有超过 200 元。没想到老公不领情也就算了，还不懂得珍惜，经常给我甩脸子，一不高兴就要和我离婚，居然还让我净身出户，我委屈得常常躲在被子里哭……

我一直想改变，却又很无力，每天围着家里转，除了孩子、老公、学生，再无别的，想改变，又不知道该如何改变。一次偶然的机会，我在朋友圈里看到一位师姐的文案，也正是因为这一条文案，拯救了我的家庭。

在师姐的文案里，我第一眼看到的是一张照片，她老公坐在椅子上，眼神坚定，而她站在老公的身后，眼神里都是温柔和爱……这不就是我一直想要的婚姻状态吗？

我赶紧私信师姐，问她是如何变得这么幸福的，后来通过师姐认识了卓雅老师，并学习文案，学习心理疗愈，从此不但赋能了我的主业，还让我多了一份副业收入！

人生第一次月收入翻 10 倍

当时跟着卓雅老师学习，学费是 1 万多元，这对于当时的我来说，算是一笔不小的开支，而且我从来没在线上付过这么多钱。我一边想要改变，一边又担心老师拿着我的钱跑了。

可是当我看到老师弟子班里的师姐师妹，个个都很积极向上，更重要的是，她们美丽、能赚钱，老公体贴，孩子乖巧懂事……这不正是我想要的幸福生活吗？于是我一咬牙一跺脚，果断转账。我过一会儿就看看手机，看老师收钱了没有，等了老半天，发现怎么没反应呢？人家都是这边一转账，那边立马就收款，担心你反悔，这个老师不一样。后来，我才反应过来，当时老师本不想收我，所以反复问了 3 次，“真的想好要改变吗？”老师看出了我的心思，担心我会抱怨，会中途当逃兵。

爱因斯坦说：“一直做同样的事情，却期待不一样的结果，这是不可能的。”**若你想人生有所不同，就一定要去学习，去转变思维。现在回过头想想，我很庆幸自己当初的选择，不然生活还是老样子。**

我开托管机构 8 年，从没涨过价，怕涨了价没人来，老师知道后，说：“猪肉、白菜都涨好几轮了。”老师要帮我提高托管价格，还帮我做了一次招募活动。

你知道吗？我紧张得手心全是汗。

那场活动，加上朋友圈的布局，4 天进账 4 万元（这是我人生中第一个 4 万元），我当时简直不敢相信自己的眼睛！一切就像做梦一样！

所以，**人生很多时候，真的需要有人推一把**！

我也第一次体验到，原来钱还可以这么轻松地赚。

以前都是守着店，干等着人进来，好不容易来个咨询的，自己不懂沟通，又不好意思谈钱，没几句就把客户聊跑了，然后又陷入自责，觉得自己没用。这一切，都在遇见老师之后，发生了巨大的改变！

多个副业收入，让夫妻关系变好了

就在2022年9月，新疆疫情最严重的时候，我静默了100多天，没有收入，可我还有两个孩子要养，各种开销压得我喘不过气来。我常常失眠，头发大把大把地掉……

这时，老师主动找到我，说让我带文案私教学员，她把一切都安排好了，把学员名片推过来，还转了4000元给我。老师可能知道我心里没底，我记得她说了一句话，这辈子都刻在我心里，她说："敞开干，搞不定的话，还有我呢！"

那一刻，我眼眶湿润了……我从没遇见过如此待自己的老师！

就这样，我们一家四口渡过了难关！记得有一次，孩子高烧不退，老师说老用药，抵抗力容易下降，让我试试精油。可我当时钱不够，买不起精油，没想到这时，微信消息提示音响了，老师的转账到了！

当时，我很不好意思，老师说，先照顾孩子要紧，她也是当妈的人，孩子不舒服，妈妈是最难受的。长这么大，除了自己的父母，还没有人这么掏心掏肺地对我，我心里满满的感动。

在老师的影响下，我陆陆续续带了十几个文案私教学员，给学员修改文案，教学员引流、做活动……让他们一边学一边实践，一点一点地去积累经验，自己的能力也突飞猛进，我也慢慢看到了自己的价值！

老师不仅手把手教我赚钱的本领，还把自己的资源给我。这样的老师，打着灯笼也难找。就这样，我负责家里大部分开支，加上跟老师学习，自己也成长了许多。

副业让我赚得盆满钵满

跟着老师学习，我前前后后带过十几个文案私教学员，从一开始的不敢带、怕带不好，到后来在老师的鼓励下，一点一点突破自己，勇敢地迈出第一步。

还记得第一次带私教学员时，我大半夜还在发信息，通过文案帮助学员调整状态，从发愁学员不来上课，到手把手带她做了一场发售活动，收了68000元。她自己也没想到，一个人、一部手机就可以轻松搞定。

来上课的学员爆满，每次都得提前预约。看到学员越来越自信了，我自己也很感动。你发现没，人这一生不给自己设限，才会有无限可能。

老公慢慢也变好了

老公有时跟我一起听老师的课，以前他是一个“大直男”，从不关心人，我感冒都不会为我倒一杯水，后来居然在我生日那天（我自己都忘了），悄悄为我订了蛋糕和一束鲜花，上街买菜也会带回来我爱吃的……家庭幸福感每天都在提高。

学习的力量，真的太神奇了！

我感觉自己报的不是一门课，而是多了一个“娘家”，多了一个“闺房”，每一个师姐、师妹都特别有爱，互帮互助，真的是想不成功都难。还记得2023年的北京线下课，姐妹们从全国各地聚集到一起，不但没有陌生感，反而像失散多年的亲人一样，互相嘘寒问暖，一起上台跳舞，一起学习，一起讨论如何让自己和家人越来越好，轻松愉悦地赚钱……

我收获的不仅仅是一项终身受益的技能，还有一个女人敢于面对生活的勇气！

如果当时，我犹豫了，没能迈出学习的第一步，也许过得还不如以前：被老公看不起，被家长拿捏，讨好地赚钱，不懂得爱自己……抑郁是早晚的事。

老师说，是我想要改变的念头拯救了我自己，她的助力才有意义！

我也深深地感受到，如果一个人的思维始终停滞不前，那他只能活在某一种固有的认知里，活在一个封闭、狭隘、局限的世界里，他眼里看到的也会是负能量、有问题的世界。

你会发现，每一个优秀的孩子背后，都有一位智慧的妈妈，因为智慧的妈妈情绪稳定、思维清晰，能看到孩子身上的闪光点，给予孩子鼓励和尊重，激发孩子长成一棵参天大树。

林肯曾说："我之所有，我之所能，都归于我天使般的母亲。"一个好母亲，幸福三代人！所以，女人应当正向而坚定地成长，温柔、有力量地生活，永远保持对生活的热爱，把每一天都过得热气腾腾！你赞同吗？

我想对正在看这篇文章的你说："女人在任何时候都要坚持学习和成长。哪怕你跌倒过，但只要你不放弃，那么当别人伸出手的时候，才够得到你！"

看到学员变得更加自信阳光，我更加确定了自己要做的事——即使以后我们都七老八十了，白发苍苍，还能聚在一起撸铁塑形，一起做瑜伽，一起唠嗑，还能一起吃吃喝喝，感受美食带来的乐趣！

女性运动塑形，让你变得自信和阳光

■李沐洁

福州长乐李沐洁女子运动美学创始人

专门为女性一对一定制美学身形方案

已帮助 1000 多名女性成功塑形

我叫李沐洁，来自福州长乐，是李沐洁女子运动美学的创始人，2024年已经是我创业的第7个年头了。

我从小在外公外婆家长大，因为当时计划生育查得严，直到9岁的时候，我才回到自己的家。

我有6个兄弟姐妹，我排行老三。刚回到自己家时，我总感觉妈妈不喜欢我，所以不敢叫她妈，她就更加生气，所以我就越远离她……后来听奶奶说，妈妈是嫌弃我长得黑，不像她的孩子。后来，我发现，的确家里来的客人都会夸姐姐她们漂亮、好看，客人也会说我怎么不开心，妈妈说我整天甩脸色给她看！我感觉自己就是个另类，是只多余的丑小鸭……

由于孩子过多，父母没有办法都顾得上。爸爸是牙医，每天很忙，回到家，见我和妈妈的关系一直没有好转，会说妈妈两句，他们也会因为我的事而经常吵架。

我不希望他们因为我吵架，所以从那时起，我就经常写日记，跟自己对话，心里即使有想法，也从来不敢对父母表达出来。

后来，妹妹被送去学跳舞，姐姐去学琴，我是特别羡慕的，我去学习了画画（一切听父母安排，只是内心还是向往着学习舞蹈，但不敢表达自己的想法，也觉得自己不配拥有）。

之后，每当看到跳舞的女孩，我都会多看几眼，心里也一直埋藏着这个美好的向往！

成年之后，我对形体美学的那种向往及热爱更加强烈。

2013年，我离开了家乡。不顾家人的反对，我学了形体芭蕾，在两年多的时间里，边学习边打工。后来，我创立了李沐洁女子运动美学品牌。

由于自己有生育2个孩子（一个顺产，一个剖宫产）的经历，我特别能理解产后妈妈的焦虑。

我不完美，有很多缺点，能力也有限，但我始终坚持追求自己的梦想，想用自己的专业能力以及人生态度去影响更多的女性！

我的客户大多数来自老客户的转介绍，她们的支持是我持续向前推进的动力！

我2019年的一位会员，当时她刚来我的工作坊，个子1.5米，体重150斤，一直在减肥，每餐不敢多吃，节食导致月经不来，头发大把地掉。还有一次节食过度了，导致严重贫血，直接晕倒送医院了。

她去美容院前前后后花了将近20万元，后来还去健身，在瑜伽馆报了各种运动私教课，还上了维秘课……上了一段时间后，她瘦了10斤，但是胸更平了，还伴随着严重漏尿、性冷淡，导致夫妻之间也出现了问题，后来选择了离婚。

她在朋友的推荐下找到了我。我还记得与她第一次见面时，她好憔悴，说："我快放弃自己了，但看到我朋友的蜕变，还是忍不住来找你了……"我说："只要你不放弃自己，世界就不会放弃你。你既然来了，我就有办法让你看到不一样的你。"

她二话不说，从包包里拿出一捆现金放在我手上，说："你这里就是我减肥塑形的最后一站，直接给我来个女神计划吧！"我说："你还是先报几节私教课，感受一下再决定！"她说："不用，我已经看到我朋友的变化了，足够相信你！"一股暖流涌上我心头，我无比欣慰！就这样开启了我们的女神计划。

因为她也是一个妈妈，有严重的漏尿症状，所以一定不能直接上来就是各种运动训练（产后妈妈们想要恢复身材，第一步不是减肥，还有一定不能随意跟大课去蹦跳）。

第一阶段，我先给她安排了最基本的骨盆修复和内核心呼吸训练。第二阶段，再根据她个人的饮食习惯去做调整，主要是排湿、排寒、排汗，养气血、升气血，设计适合她的高效训练方案。**第三阶段，再做进一步的局部增肌、塑形，饮食也会再做一次调整。**她的配合度也极高，听话照做。

果然，不到 10 节课，她的体重虽没掉很多，只掉了 4 斤，但腰围小了 10 厘米，可把她给乐坏了！

如今，她通过女神计划，体重从 150 斤降到了 105 斤，现在比产前的身形还好看，整个人充满了活力，找回了自信，还收获了一份美好的爱情，重新组建了一个幸福的家庭！

我只用心交付信任我的人，因为双向奔赴才是最有意义的！

回想起 2016 年，当时产后不久的我，身材走样，体重下不来。后来，孩子断奶了，月经迟迟不来，来的话也只有几滴，还伴随着腹部疼痛，骨盆后侧区域会痛几天。在经期无法正常行走，导致每个月的生理期，我都得躺在床上，状态还不如一个六七十岁的老奶奶，我自己都嫌弃自己了。

我开始找骨盆调整老师，他让我先去拍个片，看看有没有骨头受损问题。先生就陪我去拍了个片，拍完片，先生问医生有没有事，医生说没事，没有骨头折裂。我接过片子看了一下，整个骨盆是歪扭的，骨盆偏后倾斜了……回家的路上，先生嘱咐我别去瞎折腾，最终我还是把片子拍下来，传给那位老师看了。老师很有耐心地分析了我的问题，并且告诉我百分之百可以调整好，让我放心。

在这个过程中，我和先生争执过，因为我的先生担心我上当被骗，但我还是去了，效果真不是吹的：我的改变，我的家人、朋友都看得到，能穿以前的裤子了，身材有型了，经期正常了，状态也好了起来……

不得不承认骨盆调整好后再进行形体芭蕾训练，能够更好地改善人的形体，培养人高雅的气质。

我悟到了产后必须配合徒手调整和形体训练，这让我更加有了信心。

因自身的改变，我打算把这个技术学到手，在自己原来的形体美学基础上，开启一份自己的事业。我一定要让产后妈妈知道，生完宝宝后的第一件事不是减肥，而是调整和修复，之后再去进行减脂塑形。

创业之初，我遭到了先生及婆婆的极力反对。他们认为孩子还小，我专心带孩子就好，也担心我做不好，但我依然决定花几十万元去学习。回来后，我找了一套毛坯房，进行了一番装修，开起了工作室。在这个过程中，我和家人争吵，很焦虑，甚至觉得自己都快抑郁了。

工作室成立后，我每天带着孩子出去发传单，找美容院合作，但当时长乐市场的确不好做，因为没人认可这个项目。后来，我跟异地的朋友合作，她有个瑜伽馆，她负责招生，我负责技术。渐渐地，市场打开了，不少人知道产后骨盆修复了。

就这样，我经常带着孩子在两地奔波。来回奔波了一年多，本地的客流量渐渐地增加了。从此，我安居在长乐，我要唤醒这里的女性，让更多的产后女性受益，在长乐把健康塑形行业发展起来。

我们的课程最早包含骨盆修复、形体芭蕾。之后，我的认知和审美提高了，觉得单纯的瘦已经不代表好看了，我开始琢磨如何在瘦的同时，胸、臀部的肉还不掉、更紧致？于是我又开始了一次又一次的学习与实践……

2019 年初，我练习了一段时间女子塑形抗阻力，把自己多年来的粗腿练细了，肩背也练好看了，臀也变得更翘了，整体比例看上去更协调。我用同样的方式带我的学员训练，看着我的学员的身材发生改变，我很欣慰！我总结自己这几年的教学经验，根据学员的不同情况，对应地去做方案设计，我还推出了一门全方位系统抗衰的“逆龄·女神计划”私人定制课！

看到学员变得更加自信阳光，我更加确定了自己要做的事——即使以后我们都七老八十了，白发苍苍，还能聚在一起撸铁塑形，一起做瑜伽，一起唠嗑，还能一起吃吃喝喝，感受美食带来的乐趣！

如今，我带着几个志同道合的学员建立了团队，她们都曾是我的会员，因身材发生了蜕变，愿意与我一起把“李沐洁塑形”做大，让长乐更多的女性受益！

李沐洁女子运动美学的品牌内涵：女孩，请勇敢地做自己吧！即使你不是女孩了，已是妈妈了，那又怎样？你依然可以选择爱自己，做自己，让自己重生，因为你就是孩子最好的榜样！

无论你现在在经历什么，其实都是人生的宝贵财富，当过了几年、十几年，再看当时像天塌下来一样的事，也没有那么难。

从事美容行业 22 年，我无数次从深渊中爬出来

■王琪

国家高级美容师

深耕美业 22 年

专业调理“斑、敏、痘”肌肤

友者生存 3：每个内在都闪闪发光

这是我从事美容行业 22 年的故事。

回忆起自己开店 22 年这一路的历程，其中有太多的心酸，当时，觉得像天塌下来一样的事儿，现在回忆起来，觉得那都是经历和经验。

还记得 17 岁那年，职高毕业后，学校安排去秦皇岛实习，就在酒店打工。说起来，我们当地酒店每个月工资 200 元，秦皇岛是每个月 500 元钱。我一干就是两年，但当服务员也不是长久之计，19 岁，人生还长啊，得有个技术才能安身立命。于是我就用自己打工存的钱和老妈贴补的钱，凑了 3000 元，去美容美发学校学了一年美容师技术，又实习一年，就想着能回来开一家属于自己的美容院。

那几年上学就花光了家里的积蓄，我又是老大，下面还有弟弟，不能一直依靠父母。特别感谢舅妈和舅妈的姐姐，她们合资出了 50000 元，我的美容院开起来了。

虽然只有不到 100 平方米，但这是我人生中第一家美容院，从每一张美容床的安装，到每一个产品的挑选，我都是亲力亲为，不仅如此，为了省钱，每次去哈尔滨进货，6 个多小时的火车我都是只买硬座或站票，甚至火车上一盒 3 块钱的泡面也舍不得吃，想着能省就省一点。

那个时候，做美容行业的人少，又招不到员工，店里就我一个人从早忙到晚，有时候下午三四点钟才能吃上午饭。那时我身高 165 厘米，体重才 94 斤，人很瘦但是心里很开心，想着再挨一挨，日子就能好起来，等钱赚得多了，多雇几个人就能轻松一点了。

我是学美容出身，只会美容，不懂运营，就连最基本的成本核算都不会，开店 5 年，亲戚投入的 50000 元钱都没挣回来，甚至自己赚的还没有美容师的工资高，好多次都想放弃不干了。

在这里，我要特别感谢我婆婆。结婚的时候，婆婆知道我欠着外债，硬是塞给我 30000 元钱，让我还给舅妈和她姐姐，婆婆这样做是为了让我感觉心里轻松些，也有信心干下去。

到了 2009 年，也就是结婚后的第 2 年，我生了大宝，毕竟精力有限，店里经营状况也不好，又到了要交房费的时候，家里是真的拿不出来钱了，结果和房东没谈拢，房子第 2 天就到期了，记得当时房东大爷说："不租，明天就必须搬出去，没房子，你搬大道上也得搬。"就这样，凌晨 5 点，我叫了几个同学，把床都搬到了马路上。只记得，天还没亮透，我怀里抱着 5 个月的大宝，瘫坐在路边，我的泪水顺着脸流到脖子，又滴到大宝脸上，大宝醒了，在我怀里哇哇大哭。我自己没钱也就罢了，孩子跟着我，往后的日子可怎么过啊！

哭归哭，难过归难过，日子还要过呀，毕竟当了妈，肩上扛着责任。我咬着牙搬到了一个半地下的小屋，为了多赚点钱，恨不得把所有的时间都花在店里，有时候忙得顾不上回家，婆婆就把饿得嗷嗷哭的孩子，抱到店里让我喂奶。就这样，在半地下室又干了半年多……

好不容易，找到一间合适的屋子，这也是第 3 次"搬家"，搬到了一个两层店面，楼上楼下有 180 平方米，一想到还借了十多万元，我愁得觉都睡不着，老公说："别担心，咱俩二十多岁，真赔十多万，也当经验了！"

带着老公的信任和支持，我继续努力加油干，还恶补财务知识，正是有了这一份知识积累，美容院慢慢走上了正轨！

到了 2012 年，终于还完全部欠款，可是，一直租房也不是个长久之计，于是我们又借钱加贷款近百万元，买了自己的第一套商品房，又租了一部分店面，店面共 400 平方米，也是当地面积最大的美

容院。

关键是有了自己的店，再也不用怕被撵到马路上了。结果，越想顺，越不能顺……

房子买好了，要开始装修，安装牌匾时，有一部分装在楼上邻居的窗台下面，等牌匾一装完，楼上邻居大姐说影响她家安全，要我立即拆除。我当时又是送花，又是送礼物，还答应给大姐家窗户都装防盗窗，大姐还是说不行，马上就要开业了，急得我嘴起大泡。后来通过多次沟通，解决了问题，店终于开了。

本来以为，这就可以步入正轨了，又是一场意外，让我的处境雪上加霜。因为暖气质量不好，爆炸漏水了，又赶上过年放假，店里没有人，到第 2 天早上，我接到邻居的通知，赶过去一到那里都呆住了。你能想象吗？东北的三九天，外面零下二十多摄氏度，整个房子先被泡水，水结成冰，把卷帘门都冻住了。

好不容易打开了门，我穿着棉鞋踏进去，水都没过膝盖，眼瞅着刚装修好的房子里，新家具、新仪器、美容用品等全都漂在水里，人呆在那里，哭都哭不出来。就是那年大年初三，让我永远记住了水电安全的重要性！

经历了泡水事件，修复了泡坏的装修和仪器，店也终于走上正轨。就这样，又过了一年，新店的店长账目出现了亏空，等我察觉，那个店长领了工资第二天就辞职走了，合适的员工不是马上就能招来的，400 平方米的店，只有我和其他两个员工。

每天白天，吃饭、洗毛巾的时间都没有，每天还倒欠银行 2000 多元的贷款，我被压得喘不过气，整夜整夜睡不着觉。等再招聘新员工的时候，我提醒自己，不仅要看技术，还要看人品，也意识到团队提升的重要性。

从那以后，我每年带团队学习 4 次，学习费用也从一年 5000 元，提升到一年 20000 元，不仅如此，我自己也会每年出去单独学习管理课程。

如果把每一段经历都看作财富，你会收获更多。

2016 年，我和老公在两个人的努力下终于还清了找亲戚朋友借的外债，只剩下银行的贷款了，终于觉得松了口气！

没想到我们还没轻松几天，2017 年初，一个美丽的意外来到身边，我有了二宝，又要当妈妈了。我既开心又焦虑，怕已是高龄产妇的我没办法把店经营好。

贷款还有 4 年才能还清，我顶着压力一边待产一边尽力做好店里经营，但还是因为精力不够在一次选择上失误，赔了近 40 万元。生完二宝，大年初六，我就抱着二宝回到店里工作，一个月去哈尔滨学习两次。那个时候，婆婆抱着二宝，我背着包，拎着小车，天还没亮就去赶凌晨 4 点的火车。我记得那是初春，早上特别冷，每次学习，婆婆都抱着二宝等在门口，有时候学到半夜 2 点多才休息。**也是在一次次学习中，我找到了与别人的差距，也重新认识了我所在的行业。**

作为刚生完二胎的高龄产妇，再加上之前疏于保养，我一个干了十几年美容的人，在自己身上看不到一点美的样子。面部就不说了，就说身材，妈妈每次心疼地说我背都驼了，我都完全没在意。直到一个老师问我们："今天我们做的是什么行业？美容业到底是什么行业？"同学们有的说是服务业，有的说是销售行业，直到老师给出正确答案，美容业是时尚行业，是引领美的行业，那一刻，我才醍醐灌顶，无论我的专业知识学得多好，无论我有多好的技术，但当顾客看到我第一眼的时候，一定是失望、是怀疑，因为在我身上看不到一点

美的样子，怎么引领她们呢？我说我的技术再好、产品再好，她们会说那你自己为什么不好呢？

我想起生完二宝，总是莫名地焦虑，总是怀疑老公这样那样，其实就是对自己的外表不自信！

特别是有一次太累了美容师给我推后背，她说："老板，你的背怎么变这么宽了？跟之前太不一样了。"我想到现在还不到40岁的自己，和50多岁的姐姐合影都像同龄人，再看看怀里的二宝，我突然害怕起来，怕有一天他真上了幼儿园，我去接他，同学会问他，这个是你姥姥还是奶奶。

从事业到家庭，都推着我做改变，我开始接触微整，开始每天认真护肤，之前总觉得技术好就行的我也意识到外在形象和技术同样重要。

我重新学习美学、微整、形象设计，以及光电护肤，并在自己身上一点点实践！

一年后，所有顾客和身边的朋友都对我投来羡慕的眼光，都说我生完二宝比之前年轻了10岁，我的事业迎来了新的阶段，更多爱美的女士，相信我的专业，愿意和我一起变美！

从前没房、没钱、没形象，这些事**回过头看看，都是人生宝贵的经历，因为经历了这么多挫折和失败，才有了今天遇事的乐观和沉着**！

无论你现在在经历什么，其实都是人生的宝贵财富，当过了几年、十几年，再看当时像天塌下来一样的事，也没有那么难。所以不管你在经历什么，请相信一切都会好起来！

从那一刻起，我彻底消除了急于赚钱的欲望，明白了想要轻松赚钱的核心是先给别人提供价值，真心真诚地为他人解决问题，而不是一心只想赚别人的钱！

从一身负债到逆风翻盘，我找到了闪闪发光的自己

■ 云奕

英卓文化联合创始人

个人品牌商业顾问

有 20 年品牌营销实战经验

你好！我是云奕，一个深耕销售行业18年、连续创业11年的二胎宝妈，品尝过创业带来可观收益的喜悦，也经历过从经济无忧到创业失败而背上一身负债，遇到过长达半年0收入的事业低谷，也体验过一天收款近20万元的快乐。

2003年，初中刚毕业，我就从广西的山村来到广州，开始做人生中的第一份工作（运动品牌专卖店导购）。这一干就是6年！从销售小白，到带领团队拿下一个又一个傲人的战绩，我所在的专卖店成为当时当地同品牌服务最好、销售最厉害的店铺！

正是过去的成绩，给了我足够的底气，使我独立自信，敢拼敢干。在婚后第二年，即使一个人带着孩子，我也抱着满满的信心开始了我的第一次创业！虽然很累，但一切都在掌控之中，收益也很可观！

2014年，我赶上了互联网电商热潮，放弃线下生意，全身心投入电商平台，白天疯狂去地推，晚上在线上拼命讲课，整整花费了2年时间，刚看到希望，结果公司被迫倒闭，2年辛苦的付出成为泡沫。

2016年，虽然上一次创业以失败告终，但也许是初生牛犊不怕虎，再一次遇到机会时我也会毫不犹豫地抓紧，开始了第二次创业。通过仅仅半年的努力，收益非常可观，但好景不长，刚准备把生意做大，又一次被叫停，原来的钱都被套住了，还搭进去了一大笔，欠债也就从这里开始。

在两次线上创业失败后，身边朋友都劝我不要再瞎折腾，我也想过要放弃，但心里又不甘心，**在经过内心无数次挣扎和碰撞后，最终还是“不甘心”战胜了“想放弃”**！

2019年，我遇到了一个新的创业机会。那时，生完二宝后身高只有 160 厘米的我，体重一度飙到 130 斤，我结识了一个健康饮食营养私教，4 个月轻松“吃瘦”27 斤，而且不打针不吃药也不用节食，按照营养师的指导，吃饱吃好即可。自己受益后我就决定做这份事业，因为效果显著，很快就吸引了一批减脂客户和事业伙伴，营业额最高的一次月入 14 万元。

但一段时间后我发现，不管再怎么努力（为了开单，一天 18 小时在线）业绩还是经常挂 0，最长的一次有 6 个月没收入！而在我的事业最低谷时，又赶上老公事业起步期，我被巨大的经济压力压得喘不过气！

为此，我和老公因为钱三天一大吵，两天一小吵，每次跟在外地工作的他打电话都是问有没有钱，而每次电话都是以吵架收场。

钱虽不是万能的，但它确实可以解决生活中的许多问题。而那时我认为，生活不如意、不幸福，和老公关系不好，和婆婆不对付，孩子成绩跟不上，生活一地鸡毛，通通都是因为没有钱！

面对低谷，我也静心复盘了自己一路跌跌撞撞的经历，是因为一直都是蛮干，没有跟有方法、有结果的人学习，都在坐井观天，没有走出去看更大的世界，接触更优秀的人，只在自己的一亩三分地里埋头蛮干，结果就被撞得头破血流，摔得鼻青脸肿。

所以，要爬出谷底，要突破现状，就要去找新的方法，向高人学习！因为我知道，**旧地图找不到新大陆，旧方法拿不到新结果**！

正好这时，我注意到和我做同一品类的姐妹，总是能轻轻松松地一会开单 2.98 万元，一会收个 14 万元，于是我就向她请教，是如何做到如此简单轻松赚钱的。

然后，她就给我推荐了通过一个文案课变现 100 多万元的卓雅老师。

于是，像抓到救命稻草的我，立马去找老师报名学习，那会儿一心只想赚钱，还想以最快的速度学会，然后去赚钱！所以，我每天超级认真，别的同学一天 3 条文案，我一天干足 5 条，再加拆解 5 条文案。为了早日掌握这赚钱之术，我可以花 12 个小时去拆文案，心想不管再怎么难，我都一定要克服，因为，我再也不想回到过去那一地鸡毛的生活了！

那时心里想，这么玩命地学习，老师肯定会夸我，正沉浸在窃喜中，突然老师跟我说："给你改了一个月的文案，发现你的文字里都是功利，只想着成交，而没想着能够给别人带来什么价值，文字不能触达人的内心，也不能建立信任感。所以，你这样子无论再怎么努力，如果还是只停留在用脑、不用心的阶段的话，我可能就没办法带你了。"而且，她还通过与我接触的 3 件事，一针见血地说出了我赚不到钱的致命核心！

老师还说："真话不一定好听，但能让人清醒。"有的人接受不了这么直接的话，觉得脸上挂不住，而我听完后反而更坚定了要跟老师学习的决心，因为我深知成年人有赚钱的能力就是最大的面子！所以，不管她怎么说我就是不退，因为我知道学习一定要跟有结果的人，遇见就是幸运，放手那就是损失啊！

从那一刻起，我彻底消除了急于赚钱的欲望，明白了想要轻松赚钱的核心是先给别人提供价值，真心真诚地为他人解决问题，而不是一心只想赚别人的钱！

经过半年时间彻底地静下心去沉淀，跟着老师一边用心去提升私域里的核心技能，一边去积攒能量，拔高思维以及认知后，我逆风翻盘啦！

一场活动，一天时间轻松收款 18.8 万元，我的个人业绩挤进了千人团队的前三名！

不仅如此，因为跟老师学会了道术结合的私域成交法，加上自己亲自实战过，再结合 18 年的营销经验，我成了私域成交线上教练，一年时间带领学员在私域累计变现成交 100 多万元，学员有瑜伽馆主、女子塑形馆主、景德镇手工瓷器品牌商家、产后修复机构老板、家族家具城老板、线上创业者……

其实，用这套私域成交法，不仅能让自己和学员轻松赚钱，更重要的是，用里面的心法，修我们的心境，修我们的思维，修走了急躁和焦虑，内心平和喜悦，家庭的氛围也越来越和谐温暖，身边的贵人和美好的事越来越多，有人主动下单，教育机构和很多年入几百万元的大咖，都纷纷被吸引而来。

钱不是靠硬推挣来的，而是靠你的能量吸引来的！

这期间我更是因为自己的改变，增强了感知幸福的能力，练就了一双会发现美的眼睛，拥有了一颗能平和喜悦的心，看见了自己拥有的很多幸福，享受到了生活里点滴的美好，**更把自己活成了充满能量的发光体，给身边的人带来能量和温暖**！我还把自己一路走来的经验和修心的体会相结合，陪伴和帮助了很多创业者走过事业乃至人生的最低谷，教会他们私域成交法，带着他们一路逆袭蜕变，每次看他们穿越黑暗、变得更好时，我就觉得自己的人生意义非凡！

我特别感谢遇到卓雅老师，感谢木木力荐，感谢自己愿意改变的决心！你发现了吗？无论是拥有幸福的生活，还是轻松赚钱，它的核心都在于你富足喜悦的内心、高且正向的能量、敏锐的思维！

最后，跟你分享 5 条我逆风翻盘的经验和心法：

（1）在创业路上我喜欢跟自己杠，跟自己死磕，越困难越挑战，从不退缩。

(2) 成长蜕变的路上，丢掉你的内心戏，粉碎你的玻璃心。

(3) 遇到问题我会从自己身上找原因，习惯先改变自己，学习强大自己，才是解决一切问题的核心！

(4) 要时刻保持一颗感恩的心，所以这一路特别容易遇见贵人！

(5) 只要你不放弃自己，世界就不会放弃你。

愿有缘读到这篇文章的你，都能找到闪闪发光的自己！**余生做自己热爱的事，用自己喜欢的方式去体验精彩又美好的生活**！

学习能改变生活，而且一个人学习，还能改变一家人的关系。

通过学习，我改变了自己的人生与命运

■ 晓苏

商业文案变现导师

关系修炼教练

我出生在新疆一个小县城，爸爸妈妈都是职工，我小的时候体弱多病，爸爸说，每个月几十块钱的工资日常都不够花，加上要给我治病，还得经常问邻居借钱，要不然日子都过不下去。

爸爸脾气暴躁，有时候是在外面受了气，拿我出气，从小做什么都得不到认可，都被打击，变得特别自卑，走到哪里都要看别人脸色行事。

8岁那年，弟弟刚半岁，妈妈得了乳腺癌，幸好发现得早，命是保住了，但爸爸开始和妈妈无休止地吵架。就连饭桌上吃饭都得快点吃，因为不知道哪句话说得不好，饭桌就被掀翻了。我受够了这种吵吵闹闹的生活，曾经无数次劝妈妈跟爸爸离婚，妈妈总是隐忍，说她小时候爸妈就离婚早，一直跟姥姥过，知道没有爸爸的生活是什么滋味，她不想我们没有爸爸。

16岁那年，我外出上学，爸爸出车祸，妈妈查出来癌症复发，转移到肺上，妈妈怕影响我学业，将报告单藏起来，忍着病痛照顾爸爸。爸爸救过来了，妈妈的病耽误了，等我第二年回到家，看到爸爸一瘸一拐，妈妈被病痛折磨得脱了相，我号啕大哭，为什么不早点告诉我，让我为家里出一份力……

18岁那年，妈妈永远地离开了我们，我再也听不到他们吵架了。妈妈走后，我也不得不选择留下来照顾爸爸和弟弟，毕竟世上的亲人不多了。

那个时候，我已经工作了，是公务员，弟弟才10岁，我每天下班回来给他洗衣服、做饭，照顾他。他高中没考上，读了中专，我那个时候一个月不到500元的工资，每个月给弟弟300元，供他上学。弟弟不喜欢爸爸给他选的专业，书没读完就辍学了，还被同学拉去搞传销。好不容易把他劝回来后，我决定送他去当兵，想着让他锻炼心性，生活能走上正轨。

后来弟弟复员回来了，他在家无所事事，又去游戏厅打老虎机赌博，还把复员的时候存的万把块钱输得干干净净。给他找了地方打工，他嫌钱少，辞职跟朋友做生意，又把挣的钱挥霍一空，还把爸爸养老钱拿出来补窟窿。还有一次他帮别人开游戏厅，违规被抓，在看守所待了几个月。出来去银行贷款 15 万元，拿去创业，最后亏得干干净净。贷款还不上，银行上诉，法院发传票都找不到他，就到我的单位，让我帮他还债。

那一年，我的儿子只有 3 岁，老公每天回到家就坐在电脑前，沉迷于网络游戏，孩子不管，家务不做。有一次，孩子住院，我在医院陪护，老公到晚上才来换我，还没带饭，等我出了医院找吃的，饭馆都关门了，于是我饿着肚子又回到病房。我们平时在家里也是三天一大吵，两天一小吵，孩子听到我们吵架就尖叫、大哭，有时候做梦还能惊醒。我爸爸也指望不上，别说带孩子了，我弟弟的事情他都不管，大事小事都是我自己扛。

那年我买了房，月薪不到 3000 元，还贷款 30 万元，眼看着弟弟要被拉入征信黑名单，我还是咬着牙把他欠的连本带息的 20 万元都背到我身上。我一年不到 5 万元的收入，身上背着 50 万元的债，觉得日子都没个头了。我心里恨爸爸，却不自主地沿用父亲的管教方式，尤其是对孩子的掌控欲，如果孩子不听我的，我就会控制不住歇斯底里，对孩子非打即骂，打完骂完又后悔，下次又循环往复，孩子也变得畏首畏尾，还在学校抄作业、打架。我特别害怕孩子像弟弟一样，长大后祸害一家人，更怕孩子以后跟我一样。我焦虑得整夜睡不着，泪水流到脖子上，流到枕巾上，第二天眼睛干涩，脑子晕晕乎乎，还经常出错。

直到2017年夏天，听说我们这里有外地的老师来讲课，我想看看有没有什么方法能改变孩子、改变弟弟、改变老公，我开始了我的个人学习成长之旅，从那以后，我的生活开始发生变化了。

我比之前自信、有力量了，在单位还升了职；孩子也开始阳光自信，学习独立；老公主动做家务，支持我工作和学习，帮弟弟找工作；弟弟安心工作，还兼职赚钱；老爸也开始跟我们好好说话了，不再动不动又吼又叫了。

学习能改变生活，而且一个人学习，还能改变一家人的关系，我想要让更多人知道这些方法，帮助更多的人和家庭改善关系。5年时间，我边学边实践，去当地学校、幼儿园、培训机构和周边几个城市做巡回讲座，先后考取国家高级心理咨询师证书、正面管教家庭讲师/学校讲师、国际鼓励咨询师、解密青春期家长讲师，学费也花了十几万元。很多家长都说听我的课特别实用，干货满满，回去用了就能见到关系的改善。

儿子也鼓励我出去多讲课，帮助更多的家庭和孩子。可是，公务员拿死工资，上学需要钱，只讲公益课，连学费都快交不起了，我也不懂营销，没有收入。到了2020年，那个时候在单位里我跟新来的领导关系搞不好，工作特别不顺心，到了2020年底，又给两腿做了手术，一下就花光了家里的所有存款。工作不顺心，又没钱，想辞职重新开始生活，可是上有老下有小，怎么生活？

一个偶然的机会，我遇到了朋友圈商业文案变现师父兼色彩疗愈导师。结合我6年心理学课程的学习基础，再加上师父的色彩疗愈，我给人做心理咨询，单次价格从198元涨到1980元，系统课程也从980元涨到19519元；还带着在银行工作的学员，仅靠写朋友圈，一个礼拜的业绩，从5万元涨到40万元；帮助做口才培训学校的学员，在“双减”政策下，在不能在朋友圈卖课的情况下，仅靠写朋友圈一个月招生上百人；帮助开瑜伽馆的学员，一个月轻轻松松增加收入5万—20万元；还带领学员做活动，半小时收钱5万元，一天收钱15万元，3天收18万元，使她们多了一个变现的渠道。

在带学员的过程中，我看到很多人明明有很专业的技术，也很用心地付出，就是赚不到钱，也看到个人背后心力不足，夫妻关系、原生家庭关系、亲子关系不好，严重影响财富能量和收入，所以我不仅教她们布局朋友圈，更教她们调心力，调内在能量，通过自身的变化，影响家庭关系，幸福收钱。

我开设了关系修炼教练课程“掌控人性·关系修炼私教计划”，专注于帮助事业女性走出关系困境，实现家庭幸福。我深耕关系咨询7年，个案咨询累计时长1000多个小时，客户好评率95%，也做出了一些成绩：

帮助了有自闭症孩子的妈妈。她曾经感受不到父母的爱，对孩子失去信心，跟老公面临离婚，后来她的内心有了力量，跟父母关系融洽，帮助孩子建立信心，配合治病，孩子能去小学上学了，夫妻关系也变得恩爱。

帮助了美容院的老板。曾经她家里重男轻女，她得不到认可和支持，父母只偏向弟弟。她在当地开了两家最大的美容院，却错过了女儿的成长，等到孩子青春期，才发现孩子叛逆，说啥都听不进去，自己也不知道怎么跟孩子相处，眼瞅着孩子成绩下滑束手无策，跟老公也关系紧张，店员动不动就辞职。跟我学习后，她能理解父母的不易，跟父母的关系融洽；面对孩子的成长不焦虑了，和孩子的关系好了，孩子成绩名列前茅；店员也能看到她的好，工作努力，团队稳固。

帮助了开鞋店的老板娘。她从小在家里受父亲掌控，父亲长期打压她的成长，她从来得不到认可和支持，一度为了证明自己，在当地开了四家品牌鞋店。她自己的性格也很强势，还看不起老公，等到孩子青春期，才去跟孩子陪读，孩子叛逆，她也不知道怎么跟孩子沟通和相处，越管孩子成绩越差，本来在尖子班排名靠前，被她管得在班级成绩排中下。店员也不用心工作，她想招人又招不来人。跟我学习后，她跟父母的关系融洽了，能得到父母的认可；自己内心有力量，不跟孩子较劲了，孩子也愿意回来跟妈妈说学校发生的事，性格阳光起来，成绩提高了，不仅班级排名靠前，年级排名也靠前；她自己能力提升了，还能帮助店员提升心力，店员对待工作也更卖力了。

帮助了一个两娃宝妈。老公出轨，不愿回头，我带她走出了生活的阴影，她跟老公和平分手，理性平摊家庭责任，回家还有心力陪娃。

我自己的孩子阳光、自信、好学，即使到了青春期（初三），孩子每天回来都会跟我们讲他在学校发生的七七八八的事情，哪怕是早恋也会跟我们讨论，情绪稳定。他在班里是班干部，一直保持前三名。老公对我疼爱有加，上下班接送我，接送孩子，做饭洗衣等家务他都包了。我调整了工作，跟前任领导和解，跟现在领导、同事的关系和睦融洽，相互赋能。

我跟弟弟一起还完全部贷款，弟弟成家生子，还能赚钱养活一家人，夫妻和睦，孩子3岁，健康可爱，弟媳孝顺，时常一起来照顾爸爸。弟弟曾经也是跟爸爸水火不相容，得不到爸爸的认可，现在带着弟媳经常主动回家照顾爸爸，给他做饭，陪他吃饭、说话。我也经常跟弟弟一家陪爸爸吃饭、送礼物，爸爸也常挂念我们，用他力所能及的方式爱护我们，我也能感受到来自爸爸的爱了。

只有你自己变好了，别人对你的看法才会变好。

牢记初心，让更多人看到美好

■ 杨阳

莲舍瑜伽创始人

10 年资深瑜伽孕产导师

颂钵疗愈冥想导师

我是一个来自山西，定居河北，内向且胆小怕事的女孩，一心想着环游世界，还总想着做出点事情来。

经过时间的磨炼，我今天也算有点小成绩，只因一路有贵人相助！

接下来，讲述我的经历……

不管在家里还是在外面，我都是公认的乖乖女，就是做事比较慢。在做事的时候，总是一味地讨好别人，委屈自己。

记得在11岁的时候，每天放学后我都要下地干农活，想出去玩又怕父母不让，总以带小侄子玩为借口。可以想象一个一米四的女孩，推着一辆凤凰牌二八大杠自行车，后面载着一个小孩，蹬着自行车就出门了……

那一刻的自由，真是让人无比快乐！

在那个阶段，我很羡慕那些每天无忧无虑的小伙伴，初中的时候，就想离开家去隔壁村上学。

这个小心思一直埋藏到初中毕业。一次偶然机会我接触到幼儿老师这个职业，萌生了要考入本市幼儿师范学院的想法。天哪，我还真收到了录取通知书，你不知道当时我有多高兴！

去到学校，看见同宿舍的伙伴离开家长时都哭得稀里哗啦的，我特别不理解有啥好哭的，都有机会出来玩了。也许是环境不同，每个人的需求不同。

幸运好像总会降临到我身上，当时中专生不可以参加高考，偏偏到我们这一届艺术生（我学的美术）可以参加高考了，又过了一把收取大学录取通知书的瘾。

从那时候起，每天我脸上都挂着微笑，直到今天，我的标志就是笑容，但是爱笑的我也会有被蒙蔽的时候……

就在2007年，我刚参加工作，来到南方的一个城市。为了有更好的收入，结果被拉进了一个传销组织，经历了种种“考验”，被解救出来后，继续回归老本行（幼儿教师）。

一年后，我结婚生子，后跟随爱人到了宁夏，经历了各种行业的洗礼，摆地摊卖衣服、开淘宝店、卖家纺、开特产店（卖家纺是哥哥引荐，开特产店时要不是朋友收留，都没有地方住）……这都是一笔笔宝贵的财富啊！

机缘巧合，在2014年我接触了瑜伽，看到瑜伽老师又美又有气质，听她讲她从事瑜伽行业，不仅可以全国各地跑，还能赚钱，挺符合我想环游世界的想法。因此，我成功被吸引到这个行业。

最初选择这条路的时候，身边人都不支持、不理解。为了证明给身边人看，特别是最亲的人，我只用了两个月时间，不仅改善了自己的健康状况，内在的那份自信也油然而生，走到今天，被爱人呵护、被家人宠爱，离不开这10年来一直坚持的一件事——瑜伽。

只有你自己变好了，别人对你的看法才会变好。瑜伽是个不错的行业，但我还是不能满足于现状。我再次进入直销产品康宝莱团队，跟着团队去了趟澳门，才知道什么叫贵。在内地一碗10元的面条，在机场30—40元已经感觉很贵了，没想到在澳门竟然要人民币80—100元。

但这趟澳门去得非常值，打开了我的眼界，使我拥有了自信，所以，人一定要多出去走走。

这趟高价值之旅，偶然间让我接触到了凤凰娴老师，当时因为自己总有不值得感、不配得感，所以跟老师学习了几年，或许这就是吸引力法则吧。

因为自己每天有上不完的课，没有精力管孩子，我的身体实在顶不住了，只能带着两个孩子投奔爱人，来到石家庄。

初来这人生地不熟的地方，在朋友的帮助下我继续开启创业之路，开瑜伽馆，做自己擅长的事。

2018年，我踏上去往首都的列车，开启了疗愈之路。其实，每个阶段都需要你去经历，才能看见前方的路到底怎么走。

2019年，我突然收到一个消息，妈妈出意外了。后来妈妈永远离开了我，我内心的支撑坍塌了，心里总是空落落的。

这时候，爱人为了分散我的注意力，为了让我振作起来，将瑜伽馆换了个大的地方，推着我向前走，在看到他这么用心以后，我决定甩开膀子继续充满信心地向前走。

那时候我心里就产生了一个念头：一定要用自己的初心和专业，给这个区域的人们带来健康，让爱美的人变得更美。4年来我已经帮助上万人获得了健康，现在继续向着目标前行。

但现实往往并不如人所愿，刚刚把瑜伽馆安置好，疫情就紧接着到来，瑜伽馆关门将近半年。

疫情第二年我在山西老家装修了分店，第三年开了旗舰店，翻修了总店，接二连三地被迫停业，扛着几十万元的房租和乱七八糟的费用……

紧接着，一起合伙开馆的一个老师，又悄悄地在附近开了一家瑜伽馆，听到这个消息，我内心瞬间崩溃。越是状态不佳的时候，烦心事就越多，这时我的恩师出现了。

老师引导我坦然地去面对，接受事实的存在，老师说："不是所有人都会在你身边待一辈子的。"

这位恩师就是在疫情期间，我焦虑不安、迷茫时，给我方向和底气的人——卓雅老师。

她是一位愿意帮助他人，有大爱、有格局的老师，一路带我从文案开始用心出发，提升格局，打开认知，回归当下。

老师的那句话让我记忆犹新："你现在在家什么也做不了，那为何不做点当下能做的事情呢?"

现在能做的，是跟着老师专心写文案，还有一群姐妹陪着我，这一写就一发不可收拾，越写越开心，爱人问我每天傻笑什么，我的笑容是由心而发的。前期也有"卡点"，一天两天甚至三天写不出一条文案来，憋得那个难受啊，但老师依然会耐心地指导。

她不仅帮我扫除了"卡点"，更重要的是这个过程中，她帮我调整了心态，真没有想到每天坚持写着的短短的文字，魔力如此之大，不仅让我提高了写作能力，还让我拥有了一双发现美的眼睛，心态也平和了许多，不再为做不了的事而担忧了。我学着用心去做，用心去感受，每天乐在其中。

经过老师的指导，我把该放下的放下，跟爱人去了杭州、广州，继续向那个环游世界的目标靠近，创造更多的机会来投资自己。当别人还在坐享其成的时候，你早先一步成长，你离成功就更近了一步。

你想成为什么样的人，就要去靠近什么样的人，若你都不给自己创造机会，别人更不会给你机会。所以，一定要多跟有结果的人学习，突破自己的圈层，看到更好的自己。

这种种经历让我的内心不断强大起来，拥有了更好的物质生活，我也看到了每个跟着我的员工，都拥有了比之前好的生活，这就是我最想看到的，让跟着我的人越来越好。

不管什么时候，都记着自己的那份初心，用真诚去帮更多的人看到美好。你是最重要的那一个，只有你好了，你身边的一切才会好。

现在，我已经不再是那个一直想证明给别人看的内向胆小的女孩，经过岁月的磨砺，已变成了一个自信大方、阳光开朗的女孩。

经历不一样，遇到的人也不一样，把经历封存在财富的口袋里，在成长的过程中关注自己的同时，也学会关爱身边的人。

爱是一切的根源，感恩来到我身边的每一个人和每一件事！你发现了吗，它们不是来成就你，就是来渡你的！

读到这里，让我们一起感恩这份相遇，感恩一切的发生！

我们正在进入“用户决定一切的时代”，谁链接了消费者的需求，谁掌握了消费者的数据，谁就在制定行业新规则。

同时从事互联网行业和传统生意，我是怎么做到的？

■ 雨哥（Kevin）

波士顿知名华人网站创始人
香港跨境电商梨萌联合创始人
福州稀馋库餐饮管理有限公司投资人

作为一个互联网跨境电商的长期从业者和实体餐饮行业的基层创业者，我最常被问的问题是，Kevin，你怎么会有从事互联网行业和传统生意这两个截然不同的身份标签？

张一鸣曾经说过，对事情的认知是最关键的，你对事情的理解，就是你在这件事情上的竞争力。

在大家的心目中互联网行业代表了最新的业态，“不明觉厉”的私域流量、增长黑客、品效合一、新零售、数字化等各种高深莫测的互联网热词营销概念就像是高高在上的独孤九剑，而实体餐饮是街头的传统生意，还有很多人赤手空拳、赤膊上阵。

其实互联网行业和实体餐饮行业不是两种相互对立的生意业态，所有的生意业态都能找到共通的地方，大家也会发现这几年有越来越多的互联网人投身线下餐饮实体。

商业的本质其实是交易，商业社会的运转和前行自有它的规则，每个规则都是一张网，过滤掉不愿意或是没有能力跟上脚步的人，而且这些网还在不断撕裂，以价值分配为关系，形成新的规则链接和关系节点，降低交易成本，提高商业效率，创造更多财富。

爱因斯坦说过一句名言：“你无法在制造问题的同一思维层次上解决这个问题。”实体餐饮行业充满了激烈的竞争，它未来无疑也要向更多的维度来寻找答案解决自身的问题，那就是借助互联网新兴技术来优化整合产品结构、运营体系、供应链、组织能力，降维打击“食物链”上更弱小的业态。

互联网行业和餐饮业有什么共通点或共性？**两者其实都属于服务行业，而且服务消费者的底层逻辑是一样的，**互联网常说“用户思维，以用户为导向，为用户创造超预期价值体验”，餐饮人讲究“顾客至上”，把顾客的需求放在首位，站在客人的角度为客人考虑，所

以两者其实是殊途同归，到最后比拼的都是深度服务能力，就是如何洞察用户需求，提供超预期的服务，输出有价值的内容，精细化组织协调能力，对目标用户进行分层。对于从业者来说，两者的基本商业盈利模型就是四个字：降本增效。追求效率，优化流程，寻找低效点，打破利益分配格局。

准确来说，互联网行业也不是一个行业，利用互联网作为工具来赚钱的公司都能称为互联网公司，如今的“互联网＋”概念已经深入传统生意领域，究其本质，就是商业的主导权发生了转移，从“生产方”转移到“消费方”。之前是谁有“产品”谁是老大，现在是谁有“用户”谁是老大，谁才能掌握商业主导权，这就是为什么这两年各种行业都在讲“私域”，包括线下的实体餐饮行业。之前的商业重心是“产品”，现在的商业核心财富是“用户”，说白了就是“流量”变“留量”，留住客户的能力最重要。

我们正在进入“用户决定一切的时代”，谁链接了消费者的需求，谁掌握了消费者的数据，谁就在制定行业新规则。

对于大部分的“流量难民”“私域小白”来说，专业的事情其实应该交给专业的人去做，关于实体餐饮的私域运营体系方法论，在这里强烈建议大家学习“私域肖厂长”的“私域资产落地 11 步方法论”，课程包含最基础的私域流量入门方法论＋实战案例拆解，让你认知私域本质，从零开始打造你的私域资产，基本上学完就能用，快速落地做私域。

过去几年的疫情对于大部分的业态来说都是一次行业洗牌，实体餐饮的互联网化是大势所趋，“两微一抖”加快手，bilibili、小红书、企业微信、视频号、私域流量，十八般武艺必须样样精通。

任何一个商业现象背后一定有数据，任何数据的变动，背后一定有逻辑。每一种商业新趋势的诞生，都是因为新技术的发明和迭代，现在的线下连锁餐饮快速扩张和复制也是因为互联网技术解决了它的两个大的痛点。

第一，微信支付和支付宝支付的普及解决了之前实体餐饮消费者现金支付，财务和管理数据无法透明的痛点，现在不断改进的移动支付技术还在不断变革着消费者的购买流程，升级消费者的购买体验，风投资本也愿意介入了，这才是餐饮连锁品牌可以快速扩张的基石。

第二，餐饮行业的数字化转型，通过点餐机、手机 App、直播带货、短视频获客等新兴互联网技术，提高了运营效率和标准化的服务质量，也解决了餐饮品牌盈利模型的复制痛点。

这是一个快速变化的时代，疫情后，泡沫与浮华尽去，**餐饮行业进入存量市场，餐饮品牌面临着更大的增长压力和更严酷的“内卷”形式，更是要拥抱互联网，抓住互联网红利，借势增长**。

未来所有的生意都是流量之争，从经营产品向经营用户升级，互联网思维更是餐饮企业的必修课。好的实体门店地段和产品，是要流量大刀，但有了互联网思维的餐饮模式是流量机关枪。**刀再快，也没有机关枪快**。**刀很威风，但机关枪更有威力**。

如今互联网火热的直播短视频平台抖音也是现在餐饮品牌引流的“兵家必争之地”，与明星网红合作，或者餐饮品牌老板自己做 IP、直播间亲自上阵在这两年已经是屡见不鲜的事。借助专业互联网人的创作能力凸显品牌和服务的优势，能更好地触达目标用户。更多的餐饮品牌，类似“麻六记”“太二酸菜鱼”等更是聚焦特定场景，主动发起营销事件或参与抖音平台的营销活动，培养消费者心智，放大餐饮品牌声量，在直播间直接引爆产品销量，为餐饮品牌带来了第二增长曲线。

最近火爆的人工智能领域也与餐饮行业有着密不可分的关系，ChatGPT 的横空出世让很多与餐饮行业有关的传媒、设计、行业咨询服务等上下游公司从业者有种海啸般冲击大脑的震撼感和危机感，餐饮行业的人才竞争将因互联网技术的更新迭代而日趋白热化，将迎来真正差异化、个性化的竞争格局。

餐饮产业可以给 ChatGPT 提供大量的销售数据、市场研究报告、资料库、训练模型等大数据，让 ChatGPT 进行数据分析、市场预测、消费者行为分析等方面的研究，不断完善其算法和模型，为餐饮行业提供更加准确全面的决策支持，帮助各大餐饮品牌开发新的产品，拓展市场，提升品牌形象和竞争力。以往的消费者数据多掌握在美团、大众点评、饿了么、抖音此类的餐饮服务平台或短视频平台手里，未来 ChatGPT 等诸如此类的 AI 工具将为餐饮品牌的消费者数据私人定制化分析提供极大的便利。

在一个粗放发展的社会里，赚钱靠胆识和机遇，而在一个完整成熟的社会里，赚钱要靠认知和方向。我们已经行至移动互联网的末端，站在物联网时代的门口，随着时代的大浪淘沙，红利变了，模式变了，渠道变了，大家的思维也要跟着变，快速迭代自己。不管是互联网行业还是线下实体餐饮行业，跑马圈式野蛮生长的时代都已经结束了，未来是通过各种互联网新概念、新技术互相融合、精耕细作的时代，**公域淘金的时代过去了，未来是私域炼金的时代**。

放手一搏，破釜沉舟，决定要做的事情就一定要做，无论成功与否，我都会尽自己最大的努力。

因为不惧失败，所以才会成功

■ 安乔

安乔汉服创始人
在读本科（QS世界大学排名前20）留学生
“一带一路”青少年外交官

“夜深忽梦少年事，梦啼妆泪红阑干。”早晨惊醒，才发觉自己又梦到了高考时分。回想几年前，高考似乎是我人生中最大的一次滑铁卢。那时，老师、同学都说一次高考定人生，喊着“只要学不死，就往死里学”的口号，仿佛高考失败，人生就注定是昏暗的。于是我们战战兢兢，如履薄冰，拿起纸笔争分夺秒，似乎这样才能追赶我们的梦想。

但我最后失败了。

父母没有责备我，尽管我的奶奶蹙着眉，喃喃自语地重复着：“分数怎么会比平时低这么多？怎么数学考成这样？”父亲只是沉默，过了好一会，才笑笑说：“没事，我送你出国。”我愣住了，也许因为长久地接受国内的教育，我一向瞧不起那些花钱出国的人，他们在我心中总是不学无术的形象，即使他们考上了诸如常春藤名校等最顶尖的国际学府。我犹豫了许久，最后摇了摇头，回答道：“我想再试一次，复读。”

父亲没有再说什么，但是他皱起的眉头表达了他的不满，奶奶却很高兴，毕竟我们家从爷爷那一辈起就学习好，所以奶奶素来希望我能像爷爷、爸爸一样，靠考一个好大学谋得个体面的营生。

于是，我的高考“二战”开始了。一开始，一切都还算顺利，除去失误的数学以外，其他学科成绩一如既往地名列前茅。我看着有所提升的数学成绩，笃定自己应该有机会冲击 211 或 985 高校。

但是，也许是因为我最后的懈怠，也许是我的确不适应应试教育，2022 年的高考数学又把我击垮了。虽然所有的考生都在抱怨那年的题目难度很大，虽然的的确确是一位 985 博导出的过分难的卷子，但是，总而言之，我没有考到理想的分数。

第一次高考失败，我还有几分不甘心，但是第二次高考失败，我彻底死心了。就像当年原本意气风发的少年杜甫，写了“往昔十四五，出游翰墨场。斯文崔魏徒，以我似班扬”，还直接向皇帝呈上自己最引以为傲的文章，最后在贫病交加之时，只能吟出“纨绔不饿死，儒冠多误身”的诗句，自嘲自己的满腹经纶不如纨绔子弟的好吃懒做、无所事事，“朝扣富儿门，暮随肥马尘。残杯与冷炙，到处潜悲辛”更是道尽心酸。我已经记不得我当时查到成绩时确切的心情了，只记得我慌慌张张地打开各种软件，挨个挨个地问以我的分数该怎么办，第二次甚至比第一次还低。

最后，父亲还是没有多说什么，只是又一次询问我是否愿意去澳洲，看着我不甚理想的成绩和我曾经在脑海里面一遍一遍制订的对未来的规划，我不甘心去读一个二本大学，最终我咬了咬牙说：“好。”

真的好吗？我也不知道。我开始学习预科课程，这比我想象中的要顺利，也许是因为长期的英语学习有成效，所以我的进步不比其他国际学校的同学慢，甚至比他们更快。渐渐地，我明白了，没有什么考试是能决定你的人生的，预科的课程类似大学课程，期中、期末、平时小测占不同的比例，不会因为你一科失利而全盘皆输。最终，第一学期结束时，我拿到了班上总成绩的第一名。至此，我逐渐有了信心，最后成功地被 UNSW（新南威尔士大学）录取。

以上就是我的过去了。

而现在，在等待 2024 年 2 月开学的我，在 2023 年去西安看了名胜古迹，到洛阳赏了牡丹，在岳阳攀登了岳阳楼，去了南京老门东，在北京参观了故宫，在敦煌研究院考古专家的带领下进入莫高窟，看到千年前的珍贵壁画。见识了“长安楼阁互相望，户户珠帘十二行”的繁华西安，抚摸过“国色朝酣酒，天香夜染衣”的九州牡丹，欣赏了“楼头客子杪秋后，日落君山元气中”的岳阳楼日落，用心读到了

“一座金陵城，半部民国史”，看到“朱门金殿乱人眼”，也学着古时文人墨客一般悲叹地感慨一声“千回百转终有尽”，最后在敦煌看了一场《又见敦煌》的演出之后，在鸣沙山扮演了一番飞天。

这几次旅行，我都做了同一件事，那就是穿汉服或者和当地历史文化相关的神话服饰。这就是我创立“安乔”这个品牌的原因和初心。

“安”顾名思义，安心且舒适；此处的“乔”有乔迁之意，因为我本身就是留学生，所以我希望中华文化不仅仅在中国传承，更能够在远方的华人华侨之间，甚至在所有的国家传承，因而“乔”便是指移动、迁居，有四处行走、四海八荒都是家的意思。“安乔”是指无论你身在何处，是什么身份，我们都能把汉服文化带给你，让你有家的感觉。

其实，**除了传承中华传统文化之外，我选择汉服写真来创业还有一个原因，那就是希望女孩子们可以更加自信**。

我曾经看到某报纸上的文章写道：“旅游景点的那些写真馆拍出来的都是流水线公主。”恕我直言，我不敢苟同，明明每一个女孩的美都不一样，摄影师也都很会为不同的女孩找到属于她们的美，让她们因自信而呈现出的美貌被相机记录下来，这一切其实真的很美好。所以，我创立了这个品牌。很多客户会问我，她们觉得自己不好看怎么办？她们觉得自己太胖了怎么办？每当这时，我只微微一笑，让化妆师用灵巧的手将她们本就可爱的小脸打扮得更美。最后，她们看着镜子里的自己，总是不自觉地微笑，仿佛是第一次发现自己的美好。

她们从来不是什么“流水线公主”，她们每一位都是独一无二的公主。我们会按照每一位客户的需求定制她们的妆造和拍摄风格，贴心的化妆师和摄影师还会柔声细语地和她们聊天，防止她们感觉尴尬。至今为止，我遇到了很多很好的客户，她们有些是大我一些、为我指引方向的姐姐，有些是小我几岁、青春稚嫩的妹妹，她们都很美好，让我更加有信心和动力去努力经营我的品牌。

有些人会问，你才 19 岁，为什么就有勇气去开公司、创立品牌？也有些人会质疑我是因为父母的帮助，才有了轻松、无压力的创业环境。是的，我不否认我的父母的确帮了我很多，但是我并不出生于一个大富大贵的经商世家，而是出生于书香和中医融合的世家，爷爷奶奶都是 211 大学的老师，外公是开轰炸机的退伍军人，外婆是红二代，爸爸是理工男，妈妈是新时代女性，家人都注重我的身心健康、全面教育和发展。

我承认我很幸运，但是这并不代表我没有能力，也并不代表我对创业这件事不上心。相反，我也面对了很多困难，如员工管理、客资不足、固定成本的压力等等，但是我没有放弃，反而越战越勇，到现在积累了上百名客户，和大家都成了朋友。我从来不是说说而已，而是放手一搏，破釜沉舟，决定要做的事情就一定要做，无论成功与否，我都会尽自己最大的努力。

所以，我的人生到目前为止，或许都可以归结为高考的失败给我带来了破釜沉舟的勇气，让我明白了失败又如何呢？我们生来就有力挽狂澜的能力和决心。

拥有儿歌作品的孩子在各种社交场合中都能脱颖而出，让人更容易记住。

我决定，为孩子们做儿歌

■ 蔡逸雯

儿童音乐制作人
儿童音乐启蒙教练
亲子音乐共建倡导者

在我有了孩子后，我开始关注各大音乐 App 的儿歌榜单，我发现现在孩子们听的儿歌大多还是我小时候以及我爸爸妈妈小时候听的那些，新的虽有，但并不多，有些儿歌的内容已经不符合当下的时代背景，例如我们小时候听的“我在马路边捡到一分钱”，这首歌原本是想要传达孩子拾金不昧的精神，但是在现在这个时代，孩子已经不大可能在路上捡到一分钱了，也并不能理解一分钱的购买力。事实上，许多儿歌都有类似的问题，这些儿歌已经不能很好地满足这一代孩子对儿歌的需求，所以我决定开始做儿歌。

我出生在一个曲艺世家，我的母亲曾是位戏曲演员。受我母亲的影响，我从小开始学习唱戏，后面开始学习乐器。十二岁时，我考入浙江省艺校附中开始系统学习音乐。大学时，我在北京现代音乐学院学习流行音乐并尝试创作，我也参与了一些流行音乐的制作全流程。这为我后面创作儿歌打下了一定的基础。

某一天，我和几个家长一起带孩子去郊游。那天，孩子们一起唱歌，一起打水枪，玩得非常开心。在返程时，我和女儿聊天，她还在回想下午大家一起玩水的场景，叽叽喳喳地说着一些信息，比如脚踩在水里是扑通扑通的，小水枪灌满水滋出去是“biu”一下的，水里有小鱼小虾游来游去等等。回到家，我把这些细节写成了一份歌词。

我家里有一台合成器，合成器就是一台集合了许多主流乐器音色的电子琴。在创作旋律的时候，我带女儿挑选了一些她喜欢的音色。她很喜欢铃铛，她告诉我因为铃铛听起来叮铃铃的，就像小鸟叫一样，玩水的地方就有小鸟在叫；她还挑选了一些鼓的声音，她说这个咚咚咚的声音听起来像宝宝在踩水一样；最有意思的是她还挑了一些拍手的声音，因为他们在玩水的时候，比赛谁的水枪滋得远，而通常滋得远的那个人可以收获掌声。

之后，我在女儿挑选的音色基础上，又搭配了一些其他乐器的声音，编出了一首完整的儿歌伴奏曲子。随后，我花了一些时间教女儿唱歌，并带她去录音棚完成了歌曲的录制。我们一起完成了《一起来玩水》的整个创作和发布，也就是现在可以听到的版本。就这样，我和我的女儿共同创作了第一首儿歌，名为“一起来玩水”。

《一起来玩水》是我给女儿做的第一首儿歌，后来我们还一起做了一些别的儿歌，现在已经在一些主要音乐平台上架了。

也许最初我只是想做着玩，但是通过我带孩子参加幼儿园招生面试，我的想法彻底改变了。

参加幼儿园面试时，有招生老师询问孩子是否有作品，这让我认识到孩子有自己的作品在择校过程中非常重要，而拥有独特作品的孩子更容易引起学校老师的关注。现在，大多数孩子都有画画和手工作品，但是拥有儿歌作品的孩子寥寥无几，儿歌能够更全面地反映孩子的个性和情感。**通过儿歌，老师可以听到孩子清澈的歌声，感受到他们对生活、学习的独特见解。儿歌还可以拍成视频，表现力更加丰富，能够展示孩子多个方面的特点。**

拥有儿歌作品的孩子在各种社交场合中都能脱颖而出，让人更容易记住。

在给孩子做儿歌的过程中，我发现儿歌除了体现孩子的兴趣之外，还会在一定程度上展现她的状态、她的成长，比如相较去年，她有哪些改变、有哪些成长。对于孩子来说，一两年的区别并不会太大，但是当我们把时间线拉长，以三年、五年，甚至长期来看，她的成长线路就会十分清晰。因此，我决定定期为孩子创作儿歌，将这个独特的表达形式融入她的成长旅程。

2022 年，她的儿歌《一起来玩水》在欢笑声中传递着水花的清凉。歌词记录了她玩水时的欢乐，脚踩在水中扑通扑通的声音在旋律中回响。而2023年的儿歌则体现她学会了骑自行车，她在歌声中透露出对骑车的热爱。这是她随着年龄增长所呈现出的不同侧面。

每一首儿歌都像一本成长日记，记录着孩子每年的点滴变化。儿歌成为她成长轨迹上的音符，详细地述说着她的成长故事。通过儿歌，我们能够清晰地看到她每一年的变化，仿佛时间在儿歌的旋律中留下了深刻的印记。这不仅是音乐的成就，更是孩子成长的见证。

我打算在我的孩子成年之前，每年给她做几首儿歌，因为过了这个年龄段，就不再适合了。随着孩子年龄的增长，从童年时期的纯真，到十几岁时心智和情感逐渐成熟，对于歌曲的需求也会发生改变。歌曲可以很好地记录孩子的成长。通过儿歌＋视频的形式，我们可以记录孩子每个阶段喜欢的东西，记录孩子的想法、声音，甚至脸蛋、状态等等。

让我惊喜的是，在给孩子做儿歌后，我发现，儿歌天然带有一些社交属性。孩子会在学校举办的一些活动中表演自己的原创儿歌，她的作品受到了老师和同学们的认可和欢迎，而这些活动是学校为孩子提供的展示才华的机会，她也逐渐成为学校中备受欢迎的小歌手。而我也通过孩子的社交和演出，结识了更多的家长。

当孩子参加了几次活动并演唱自己的原创歌曲后，有几位想要给孩子做儿歌的家长找到我。其中有一位孩子的妈妈在我们的初次交流中，便表达了一些顾虑，担心孩子是否能够真实地表达自己的想法，担心歌曲是否会符合孩子的独特个性，担心孩子是否能完成这样一件事情。为了打消这些顾虑，我向她详细介绍了整个创作过程，并强调我们将以孩子的兴趣为主题，**确保歌曲不仅符合孩子的个性，而且能够真实反映他的想法和情感。**

为了更全面地了解孩子的情况，我们约在一家咖啡店见面，我要求这位妈妈一定要带上孩子，因为这是给孩子制作歌曲，孩子的想法才是最重要的。在整个沟通过程中，我不仅与家长进行了深入的交流，还主动与孩子沟通，了解他喜欢的颜色、最喜欢的玩具、梦想中的角色等。

那天下午，我见到了这位男孩。他刚开始还有些害羞，但通过与他沟通，他慢慢地变得活泼好动。他的眼中闪烁着好奇和兴奋，我们一起聊了很多话题。当我询问他最喜欢的颜色时，他毫不犹豫地指向了自己的T恤，骄傲地宣布："红色最好看啦!"我还问他有没有好朋友，他告诉我他最好的朋友是幼儿园的小兔子，因为每次他在学校荡秋千或者玩滑滑梯的时候，兔子总是用亮晶晶的眼睛看着他。他最喜欢的玩具是他的玩具小汽车，这是一辆红色的遥控小汽车。那天在我和他沟通完后，我和他妈妈沟通时，他就一直在和小汽车玩。

随后，这位妈妈告诉我，孩子平时在家里就非常喜欢听儿歌，还喜欢跟着儿歌蹦蹦跳跳，所以在得知我为自己的孩子做儿歌后，她就找到了我。

我们决定以孩子热爱的小汽车为主题，歌词讲述了一个小汽车在森林里穿梭的有趣而富有想象力的冒险故事。在选择音色时，我特意考虑了孩子喜欢的声音，如模拟被风吹过的树叶沙沙作响的吉他声和欢快的鼓点声。在进录音棚录制前，我邀请了一位专业的声乐老师为孩子提供专业的指导，确保歌曲能够最好地展现孩子独特的音乐天赋。

现在，两个孩子的儿歌都已在音乐App上架。在给他们做儿歌的过程中，不仅他们获得了成长，我也不断受到了启发。通过与两位孩子的交流，我深刻领悟到每个孩子都是与众不同的，他们的想法、创意有时候会让我十分惊讶。他们会提出一些以往我完全想不到的想法，比如说在《一起来玩水》的创作过程中，我的孩子问我，能不能录下她踩水的声音，放在歌曲里；第二位小朋友也问我，能不能录下真实的汽车喇叭声，放进歌曲的伴奏里。在儿歌的创作过程中，孩子的想法是点睛之笔，是他们让每首儿歌有了不一样的色彩。

通过与两位小朋友的合作，我决定帮更多的孩子做儿歌，他们让我在创作的过程中发现了音乐的无限可能。这不仅仅是一次创作，更是一次跨越年龄和经验的音乐冒险。这次合作不仅让我在创作思路和渠道上有了新的可能性，也引发了我对为其他孩子创作儿歌的兴趣。随着合作的增多，我建议这些家长与孩子一同参与歌词创作，将儿歌创作变成一项亲子活动。这不仅加深了家长对孩子兴趣的了解，也为孩子提供了更加丰富的创作体验。

我陆续为一些孩子做儿歌，现在成了一名儿歌音乐制作人。我从中学开始一直学习音乐，从民族乐器到流行乐，最后到音乐创作，说起来我现在的工作和我所学的专业对应上了，这是让我很兴奋的一件事。

通过给孩子们做儿歌，我决定将儿歌创作作为我的职业方向，希望为促进国内的儿歌发展尽一份力量。现在无论国内还是国外，新的儿歌还是太少，孩子们听的儿歌有一大半还是几十年前的，虽然都是好歌，但是由于年代不同，会有一些孩子不能理解的地方。我们要做的，就是一起打造一个新的儿歌时代。

我在和不同的孩子一起创作儿歌的过程中，深刻感受到音乐是连接时光的纽带，而孩子们的创意和独特性为儿歌增添了丰富的色彩。通过与他们共同创作，我找到了自己在音乐中的定位，成为一名儿歌音乐制作人。这不仅是一项工作，更是我对音乐的热爱和承诺。

通过创作《一起来玩水》等儿歌，我意识到儿歌不仅是记录孩子成长的音符，更是搭建亲子沟通桥梁的工具。儿歌不仅让孩子在音乐中留下足迹，也成为家人共同创作的美好回忆。这让我深信，音乐不仅是一种表达，更是一份珍贵的礼物，联结着家人的爱和孩子的成长。

在做儿歌的旅程中，我们一同迎接欢笑、创意和成长。如果你也希望为孩子留下一首独一无二的儿歌，我愿意与你分享经验，一同开启这段充满音乐奇迹的旅程。**让我们共同开创新的儿歌时代，为孩子们创造更多美好的回忆**。

通过深耕行业、深耕自己，并持续发力，我看到了未来的可能性。

跨越岁月，重塑未来

■ 柴楠

有 15 年银行培训经验

有 8 年咨询公司管理经验

专注培训产品开发

认清自我，是每个人一生中要做的重要课题。我从未觉得自我认知有多么重要，因为我是一个来自河北三线城市的青年，学历不高，自信心也不足。然而，凭着一股热情，我冲进了北京这个大城市，奋斗了近18年。虽然没有大富大贵，但我在这个人口两千多万的城市中扎下了根基，既有事业的追求，又有与好友相聚的欢乐；既有高堂可孝，又有稚儿待哺，更有陪伴我一路的贤妻。回首过往，是什么支撑着我走到今天的呢?

为了认清自我，我特意询问了周围的人对我的看法。以下是他们的评价。

朋友的视角：

我眼中的柴楠是一个温暖、有爱、乐于助人的大男孩，在专业上深耕，精益求精，擅长通过与人交往而获得资源和共同进步。

同事的视角：

从价值观来看，有理想、有追求、轻易不退让，但为了达成目标，也愿意作出让步。

从日常相处来看，宽以待人、包容度高、有容人之量，但也有脾气，遇事不将就。

从生活中的角色来看，是家庭中的好父亲、部门中的好领导、公司的中流砥柱。

客户的视角：

我认识的柴楠是一位老师，曾经是我的老师，如今是老师们的老师，不变的是作为老师的初心和博大胸襟。

我认识的柴楠是一位专家，曾经是培训项目执行专家，如今是培训产品研发专家，不变的是作为专家的专业和专注。

我认识的柴楠是一位老友，曾经在昆明与我并肩奋战，如今在北京与我相谈甚欢，不变的是作为朋友的真诚和默契。

合作伙伴的视角：

他是一位热心助人且细心的人，对于话题观察细致，常从另一个角度来剖析事情，能给别人不同的建议。

爱人的视角：

你的勤奋和学习力一直是我学习的榜样。

于工作，你尽职尽责，你的专业素养、团队合作能力和人格魅力都让我感到非常敬佩和欣赏；于家庭，你是家里的顶梁柱，坚强、可靠、有耐心，是个非常有责任心的父亲和顾家勤快的老公。

这是我第一次直接向周围的人征求对我的看法，我非常感谢他们坦诚的回答。我开始思考，这些评价说的是真实的我吗？我内心是否希望成为这样的人？是什么事情让大家对我评价如此？通过这次对话，我惊讶地发现，我可以坦然地向大家表达自己的需求，并接受所有的反馈。这对我来说是一个巨大的转变，因为曾经的我与现在有巨大的不同。

见自我

内心自卑的人需要强大的外力来重新塑造自己，所以我一直需要“装”自己。

也许是我独立求学的经历，也许是进入职场后要面子，作为一个内心自卑的人，每当面临挑战时，我总是假装自己很有把握，然后暗中努力寻求帮助，竭尽全力完成任务。虽然结果并不完美，但总能获得出乎意料的回报。

其实每个人都希望过上精彩的人生。对我而言，到现在为止，

“装”对我来说意味着什么呢？“装”意味着勇气，意味着迈出第一步，意味着坚持站在台前，是推动自己前进的助推器，是粉碎我所有借口的机器。其实，每个人都曾经在某种程度上假装坚强过，只要是你认为正确的，是需要坚持做的事情，当你摇摆不定的时候，为什么不先去“装”一下，迈出关键的第一步呢？谁知道之后会不会成功呢？虽然在深夜独自一人时，我仍然会感受到深深的无力感，但这并不妨碍我用一生的时间追求成功和成就，用这些来证明自己。

治愈自卑，对每个人来说，都是漫长而痛苦的。不要害怕，可能装着装着就成功了。

见成长

自我认知的改变需要外部的成就作为佐证

我记得刚来北京时的情景。那是2005年，我刚刚大学毕业，进入一家旅行社从事国际旅行线路的销售工作。当时每个月的工资只有900元，主要工作是利用大黄页上的公司信息，拨打电话销售国际旅行产品，通过提成来获取收入。当时国际旅行还是一种相对奢侈的项目，大多数是公派或者公司组织的。我每天至少要拨打近百个公司的电话，一个接一个地进行推销，说着：“您好，我是……，我们主要的产品是……”电话铃声此起彼伏。我的努力没有白费，经过不断学习产品知识、练习沟通技巧，6个月后，我第一次拿到了8000元的月薪。在当时，这个收入在北京已经可以媲美外企高级职员的收入了，这一突破让我惊讶不已。原来我真的可以，原来我一直仰望的那些人并不是那么遥不可及，原来我并不是一成不变的，我可以变得更好。

当我回忆起这段经历时，我想对曾经的自己说一声感谢，正是这个成就给了我勇气挑战自我，去面对更大的压力和变化。

深耕行业，深耕自己，持续发力

人生的每一步都是有意义的。只有选择了正确的道路，才能越走越宽，离成功越来越近。当我们无法清晰地认识自己所处的位置时，会很容易被一些外部因素左右。我从2008年开始，通过转型进入金融培训行业，至今已经在银行培训行业摸爬滚打了15年。当我开始从事培训工作时，培训市场还是一个蓝海市场，而现在行业内卷严重，变化之大让我深感惊叹。

高起点使我看得更远。我所在的机构是一家金融行业人才培养协会，主要为国内中资银行提供国内外的培训和行业交流机会。由于我并非金融专业出身，结合之前出境旅行的经验，我选择了境外项目部门，负责设计海外学习产品，带领国内银行高管赴境外学习考察，学习境外机构的经验。在当时，这样的产品是非常稀缺的。我带领大量国内高管到新加坡、美国、英国、香港、台湾等金融发达的国家和地区学习，了解金融产品与服务等。这段经历极大地提升了我对行业的认知，使我能够站在更高的视角来看待市场，并深刻认识当时国内与国外行业的差距。

举个例子，当我在2010年带领银行高管考察新加坡私人银行业务时，他们会发现原来真的有银行只专注于私人银行业务，原来服务客户的网点可以设在写字楼里，原来信用卡背面的签名可以不必一笔一划地写，原来服务私人银行客户的经理真的不一定都是年轻人等等。这让我明白大家所说的未来已经到来，只是我们自己尚未认识到而已。

通过深耕行业、深耕自己，并持续发力，我看到了未来的可能性。我明白每一次调整和重塑都是对行业的重新审视，每一次推翻与重建都是自我的成长和进步。**只有躬身入局，深入其中，我们才能真正理解行业的本质和趋势，才能做出符合市场需求的优秀产品。**

躬身入局使我看得更深

2017年年中，我参加了一个培训行业的年会活动，一位合作伙伴在活动中开玩笑地说，很少见到像我这样在一个机构服务如此之久的培训行业从业者。我突然感到震惊，也许是我在舒适区待得太久了，渐渐地忘记了外界的变化和压力。恰逢我家迎来了新生命，我毅然辞职回家。休息了6个月后，我加入了一家新的培训机构，负责管理产品研发部门。团队是全新的，充满了激情，一切都从头开始。我认真地做产品，努力建设团队，审慎地观察市场。经过5年的努力，我们的团队从无到有，成功地开发出了销售额近千万元的产品。这段经历让我见证了自己的另一次成长。

见未来

向内提升认知，向外探索行走

以40岁的眼光回看过往，感谢家人对我不遗余力的支持！感谢爱人对我的包容与肯定！感谢公司及伙伴们对我的信任！感谢每一位客户对我的认可和鼓励！感谢自己的坚持与运气！

在未来，我希望通过深耕行业，找到新的行业位置，重新选择角色，以新的定位出现在行业中；努力向内探寻，提高自我认知；做到以小见大，更平静地面对自己与外界；努力向外探索，提高自己的执行能力；享受工作带来的礼遇与变化；见证一个更好的自己。

我深信，人生是主动的过程，被动等待安排，等来的永远是你不想要的生活。

换一种活法

■ 崔春

担任 12 年民营企业管理咨询导师、高管
12 年国际认证专业级教练（PCC）、MBTI 教练
蒲公英家庭教育青少年心理导师

起好了这个题目以后，我发现它自带能量，每读一次，内心就更加充实而坚定。我会把我职场角色变化的心路历程在这里分享，也希望能给你带去启发。

▬

一个月前，我刚刚从企业辞职，暂时结束了23年的打工人生涯，心里充满期待和兴奋。在如今的时代趋势下，企业家都在慢慢看清一个现象，就是“去中心化”，传统的权威人物的影响力有所下降，超级个体越来越重要，这就是打造IP越早越好的原因。我也不例外，**打算开始学习IP打造，做自己的个人品牌**。

不过我妈和我婆婆听说我辞职了，两人心情复杂，安慰我说：“下岗很普遍，好好休息一段时间，过了冬天再找工作吧。”听到她们说“下岗”两个字，我一口饭差点喷出来。唉，对她们那代人来说，一份稳定的工作才是安全感的来源。

我想，一个人的焦虑大多来自迷茫的内心。我们很多时候并没有真正在意自己的内心，而是在意外在的东西过多，比如面子、人设、社会地位、别人眼中的我。我们作为人的欲望和恐惧不少，害怕失败，害怕损失，害怕不被重视，害怕没有价值。我们想要的也不少，拿起这个，也不想放下那个。以上这些都是你的心魔。

我深信，人生是主动的过程，被动等待安排，等来的永远是你不想要的生活，所以得知道要什么、不要什么。不要活在家人的担心里，不要活在社会的评价里。成功由自己定义，那份安全感永远是自己给的。时间是宝贵的，我要把有限的时间花在最想做、最值得做的事上，健康、家人、发挥优势去做喜欢和擅长的事、鲜活有趣地活着，这才是我想要的。

▬

就是怀着这样一种轻松快乐的心情，我开始了第二事业之旅。打造个人品牌对我来说很新鲜，我在一个月前刚刚知道什么是IP打造、什么是素人。平日不看抖音的我，赶紧下载了App，不会玩小红书，就赶紧学习起号。我还迅速认识了不少打造个人IP的同路中人，大家每拍完一个小视频就会发在群里，互相鼓励和反馈。我发现，身边优秀和喜欢创新的年轻人真是太多了，他们的勇敢、创新、真诚鼓舞了我。现在看来，我特别庆幸自己舍得放弃两次回归HR管理角色的机会，那样终究还是每天打卡的打工人模式，我内心的声音告诉自己，我渴望新的人生体验，于是我果断潇洒转身，开始了新的职业尝试。

说实话，相比之前每天早起晚归挤地铁、赶班车的日子，现在日子飞一样过去，每天好像比上班还忙碌，但我依然保持自己的初心，即便有很多课程需要学，我也会安排好每个小时如何使用。早上6:00做呼吸练习，6:30听直播讲座，8:30吃早餐，放音乐，在上午学习和工作的休息间隙泡茶、插花、侍猫、锻炼。下午输出所学内容，写文案及制作视频。黄昏时，开心地给家人准备好晚餐。我最大的感触就是，知识真的是越学越多啊，那么接下来，我要如何定位自己的IP以及打造IP呢？我发现向拿到过成果的朋友多请教，快速获取行业内的信息和技能，这些都是一个新手“小白”要做的前期准备。

输出自己的IP内容时，一定要整合自身原有的优势、经验和价值。我们每个人身上已经有很多技能了，我们要做的就是去思考和尝试把这些技能和优势整合叠加，这样才能输出属于自己的结果。而要拿到成果，一定要通过行动。目前，我已经确定了初步的几个定位，期待在实践中找到适合的方向。我发现，之前在企业里积累的很多HR相关的经验依然有用，并且我惊喜地发现创业的心态提升了我用户需求的思维，让我在输出内容时更加考虑实用性、高效性和有效性。

当感觉对内容的输出不是很确定的时候，或者不知道这样做是否能达到目标的时候，担心、彷徨或者情绪不稳定是非常正常的。每次有不稳定的想法出现的时候，我都会先深入想一想，再用教练技术自问自答几个问题，便能够拨开云雾，坚定前行。无论何时，都要相信人是本自具足的。当你看见属于自己的那束光，你那颗自由的心就会像小鸟一样飞出笼子，虽然会遇到风雨，但是你也会看见彩虹。你知道你在飞，离自己的目标越来越近，未来可期。**勇敢地表达自己、展示自己，忽略自己的缺点，改得掉的叫缺点，改不掉的叫弱点**。弱点藏起来就好了，少用或别用，多用优点，这个思路尤其适合用在打造个人品牌的过程中，以便让自己不用太费力气，因为这也是一场持久战。

说一个有意思的现象，你有没有感觉现在时间过得越来越快？为什么？比如，我们小的时候是一天天地数着手指头过日子，长大了是一个月一个月地过，现在是一年一年地过。我们经常听到身边人感慨，这时间过得也太快了，几年前的事就好像发生在昨天似的。

原因是什么呢？时间变短了？其实，时间长度一直没有变，而我们大脑的主观体验和记忆增量在减少。随着年龄的增长，重复的生活使我们体验生命的感知和记忆变得麻木，让我们感觉每天过得都差不多，十年如一日。

人的大脑更擅长记住的是我们去旅行的慢节奏、惬意的画面和体验，以及让我们感觉日子过得慢的美好童年。进入社会后，每天挤地铁、风里来雨里去重复搬砖的生活占据了我们的时间，能往生活中装的新奇感就越来越少，所以人越老，越觉得时间过得快，这种错觉越强烈。

举个例子，我们小时候背着书包上学时，有没有觉得每天过得还挺快的，于是就盼着放寒暑假。一到放假，就很开心，每天都是跟小朋友们追赶打闹的欢快体验。开学前，回想起来暑假过得还挺丰富多彩的，因为经历了很多有趣的事情。

因此，我告诉你，**放慢时间的唯一方法就是在有限的人生中去寻找新的体验**。在各种领域去改变生命的体验，活出生命的宽度。如果你不想人生留下遗憾，你就走出自己的舒适区。比如，你可以下班走走不一样的路线，看看沿途会遇到什么。周末和家人去一个不一样的公园或图书馆，选一个新餐馆吃饭，剪一个从未尝试过的新发型等等。总之，人生就是一次旅程，减少无意义的事情，让生命变得多姿多彩，去感受时光的美好吧！

有一次，我听到董宇辉说他爆火前最后一次直播的经历。那个夜晚，他直播到凌晨4点，因为播了一晚上了，没人买东西，也没有人理他，他觉得肯定是自己讲得不好，从莫扎特讲到柏拉图，3个小时的疯狂发挥后，他说他崩溃了。于是，他停下来，说："我能问一下大家为什么不睡觉吗？"有一个人回复："我是一个研究生，我毕业了，没找到工作，在家睡不着。"有一个爸爸说："刚下班，我开车呢，现在把车停下来回复你。"还有人回复："我是一个妈妈，孩子刚尿床了，换完尿布，我现在坐在客厅里缓缓。"凌晨4点，董宇辉一个人在镜头前，看到屏幕上的那么多评论，他说，他看到了众生相。很多时候，我们听别人讲故事，其实就是想让自己平淡的生活有更多不一样的体验。

有一段话我喜欢了15年，每每遇到挑战的时候，我就会想起这段话。我把它送给大家。

若你想要感到安全无虞，

去做本来就会做的事；

若想要活出自我，

那就要挑战极限，

也就是暂时地失去安全感。

所以，

当你不知道自己在做什么的时候，

起码要知道，

你正在成长。

祝福看到这段文字的你能够勇敢地做自己，活出自己想要的样子。

一个成熟自信的人，应该有稳定的内核，客观平静地看待各种差异，同时也要学会懂得欣赏别人，学习他人积极可取的地方。

欣赏、赞美和良性链接

■ 金鹏

企业管理顾问

致力于帮助优秀的中小企业快速发展

5 年上市咨询集团分公司总经理

著名作家三毛在《一生的战役》中写道："我一生的悲哀，并不是要赚得全世界，而是要请你欣赏我。"

很多年前，我看了一部取景地在南京，由王志文、范伟主演的电影《求求你，表扬我》。范伟饰演的杨红旗是一个孤独落寂的民工，他就只有一个执念：我做好事了，求求你们公开表扬我！

我们也一样，很多时候努力就为了换来表扬，如"你真好""幸亏有你""你真不错""你太棒了""没你成不了""你就是不一般"。

然而，残酷的现实是，真正的欣赏和赞美一直都是稀缺品。

20 世纪 70 年代末，我出生在江西一个普通农村。小时候，我一直比较瘦弱，上学的时候基本没有参加任何对抗性运动，比如篮球、足球，学习成绩也比较一般。那时候，我会懵懂地用性格内向来解释封闭的自己。

直到初中毕业后进入市重点高中，我才发现，无论学习成绩、家庭条件、体育水平还是眼界，我都被身边同学"碾压"，身边都是别人受到赞美。

1995 年高考，那个年代信息手段和现在不能比，高考成绩是父亲从学校查到的。我永远记得父亲那次带着成绩回家进门时的表情，安慰性的浅笑里带着几分担忧，他担心我会很失望，甚至绝望，因为这个分数只能上一个普通的大专，离我心目中的名牌大学差太远了。

当然，我没有放弃追梦。根据当时的规定，读 3 年大专后，需要再工作 2 年，才能报考研究生。在奋发努力 5 年后的 2000 年，我收到了南京一所 211 大学的硕士研究生录取通知书，我欣喜地告诉了父亲。

转眼间到了2003年4月，也就是硕士毕业前的某一天，南京春雨绵绵，我在学校宿舍里先后接到了两个电话，一个是985大学的博士录取通知，另一个是一个年薪10万元的省级单位的面试通过通知。纠结了一天，我打电话告诉父亲，我选择了工作。

随后20年，我当了5年的技术人员、5年的项目经理、5年的部门副经理和5年的总经理。在这4个5年中，一个个荣誉和进步我都会告诉居住在老家的父亲，但是，父母已经慢慢地不是很在意这些了，他们唠叨的是我的身体健康和工作压力。

终于在一个春节期间，我莫名其妙地爆发了，责怪父亲为什么夸赞身边的亲朋好友，对我却只会嘘寒问暖？难道我还没解决温饱问题？我反感父母关心我的身体健康，和父母的通话越来越少。

有一次在梦里，我很渴，父亲拿着一瓶水笑着看我，但我喝不到，那瓶水大概就是认可和夸赞吧。**自卑，就像是一棵缺水的树苗。**

心理学家阿尔弗雷德·阿德勒在《自卑与超越》一书中提道："生而为人，我们内心都会有某处自卑情结。"

近些年来，我一边学习心理学，一边回味过去，慢慢地，我懂了一些。

自卑，这是人性之一，几乎所有的人都会自卑，包括很多看起来很成功的人。至于自卑的来源，各个心理学派解释不一，但无非是这几类原因，比如遗传因素、环境因素、人类共性，或者童年缺乏爱与鼓励，其中，我比较认可的说法是，在幼儿时期缺少鼓励和认可的孩子容易产生自卑情结，而这种自卑很可能跟随其一生。

在现实生活中，我观察到的自卑行为有如下 5 种。

①**过度对比，但又不敢正视**。

这种自卑来自习惯性的横向对比，主要针对身边看到的人。单维度对比会带来无穷的焦虑，尤其在如今这样的信息时代，焦虑所带来的精神内耗已经成为很多人的“标配”。

当然，人会本能地启动自我防御机制。首先，意识会寻找其他自我优势进行心理补偿，比如，他比我有钱，但是我比他年轻；他身份显赫，但我比他自由。其次，如果心理补偿不了，就不承认或不正视事实，歪曲真相。

一个成熟自信的人，应该有稳定的内核，客观平静地看待各种差异，同时也要学会懂得欣赏别人，学习他人积极可取的地方。自我实现才是最重要的。

②**渴望认可，但又过于外露**。

这种自卑的人总有一些对标人物，总渴望被对标人物看到并认可自己日常的成就。对标人物可能是父母、伴侣、同学或同行等。想被认可是人之常情，甚至是自我驱动的良性动力，但如果过于追求他人的认可，就会让自己的动作变形走样，或者本末倒置。

我是遇到过好几个这样的人，努力就是为了向伴侣证明自己的能力。有成功的，但也有急于求成反而失败的，失败后更加得不到想要的认可，从而陷入恶性循环，非常痛苦。

当然这种情况还容易让人走向反面，就是叛逆。在著名导演昆汀·塔伦蒂诺的电影《好莱坞往事》里面，那些社会角落里的嬉皮士，无法融入社会，获得认可，只有做出很多出格的事情，才能获得社会的一点关注。

③反复纠缠，话多不停。

这种自卑的人想获得社交认同感和归属感，在表现上有些明显的特征，比如，一个人在对他人单向表达或多向沟通时，会过多重复和反复强调。实际上，真正自信的人是不会和别人纠缠于表达或讨论的。

公开场合不合时宜的“话痨”，也是缺乏自信的人。在中国式商务饭局上经常可以看到这种人，他们平时压抑着内心的自卑和不安，这时候借着酒劲，滔滔不绝、热情似火地向对方索取认同感，和“人物们”称兄道弟。

④畏强凌弱，从不平视。

这种自卑的表现是张牙舞爪。一些人在凶神恶煞的外表下有一颗卑微弱小的心。他们面对势能比自己弱的人时，眼神会扫视、无视或直视，而面对势能比自己强的人时，却又不敢对视，眼神闪躲。

在竞争激烈的当代社会，畏强凌弱确实是某类人的生存方式，这种人有时候发展得还挺好，但也暴露了其骨子里的不自信。由于心理不断扭曲，很难做回堂堂正正的自己，也无法赢得真正的尊重。

⑤低配得感，拉低人生。

这种自卑在女性身上体现得更多些。受过去男尊女卑的传统思想的影响，女性很容易被灌输低配得感，加上一些地方根深蒂固的传统家庭教育，女性得不到应有的教育和尊重。很多自身优秀但不够自信的女性，不仅承担了很多原生家庭的责任，还在新家庭或事业中缺乏应有的自信，总觉得自己不配拥有，甚至相信命运的安排，让自己陷入了低能的圈子。

比如，有些女性年轻时由于自卑而放弃追求自己的男人，若干年后，发现那个男人的伴侣还不如自己贤惠、能干。这里的自卑来自很多方面，比如容貌、家庭、学历、眼界，甚至是自身糟糕的经历。

以上是我观察到的5种缺乏认可的自卑类型，他们渴望被接受、被认可、被赞美。如果他们的渴望变成绝望，他们就开始失态、变形、叛逆，从而失去自我。

事实上，在现代教育、商业谈判、优秀领导力、销售力、有效沟通，甚至家庭关系处理等方面，几乎所有与人有关系的学问中，尊重和认可都是基本方法之一。而与此同时，几乎所有纠纷、矛盾和关系的破裂都从不认可开始，这种不认可包括对对方的贡献、能力、观点和身份的不认可。

虽然，含蓄的东方文化、封闭的成长环境和苛刻的社会氛围导致了欣赏、赞美的稀缺，但是正因为稀缺才珍贵，我们才更需要创造它。

心理学家阿尔弗雷德·阿德勒在《自卑与超越》一书中写道："对于自身来说，解决自卑情结最好的方式，就是与社会产生良性的链接。"

海峰老师说，友者生存。友者不就是良性链接者吗？

何为友？首先，做自己的朋友，与自己和解，真诚地接纳自己的所有。是的，所有，包括一切优点和缺点。一个连自己都不能接纳的人，难以想象他如何接纳别人。其次，做他人的朋友，做一个善于欣赏、赞美的朋友。

未来还有很多个5年，我还会继续告诉父亲我的每一个成就，同时我也会告诉他，我身体很好，不用担心，另外，我现在有很多好朋友，心情也很好！

现在，我正在用过往 20 多年的工作经验帮助需要帮助的职业经理人和企业家朋友们，同时也愿意帮助那些还在自卑中挣扎的朋友。

未来，无论我做什么，但一定都是在欣赏、赞美和良性链接。

因为这不仅是价值观，还是方法论。

来吧，相互良性链接吧！

那些只花半秒钟就能看透事物本质的人和一辈子都看不透事物本质的人注定有着截然不同的命运。

走出逆境，活出闪闪发光的人生

■ 可然

高维创富圈创始人

个人成长陪伴咨询顾问

传承国学智慧、用易经改变人生的实践推广者

我目前是一位国学自媒体的创业者，也是一名中华传统文化实践推广者。创业之前，我曾做过报社记者、电视台文职编辑，还从事过多年的人力资源工作，做过传媒、外贸、汽车、国有金融投资、互联网等多个行业。你肯定会好奇，为什么我从事过这么多的行业？其实这和我的经历有关。

我出生在一个三线省会城市，普普通通的家庭，比上不足，比下有余的那种。小时候，没吃过什么苦，受到来自父母的教育就是以后找份稳定的工作，过点安稳的日子，所以读书时期，我没有想过太多关于未来人生规划及人生目标的事，父母说啥就是啥。这就直接导致我高中文理分科选错，继而大学专业也报错，毕业后工作特别不好找。有句话叫"一步错就步步错"，高中分文理科时，父亲帮我选择理科的理由是"学好数理化，走遍天下都不怕"。高考失利，没有考上理想的大学，父亲帮我选了一个非常冷门的专业。我记得我父亲当时和我说，你这专业现在虽然冷门，但毕业出来就热门了，但四年后，结果并没有如他所说的那样，在我毕业之后就变成热门专业，我的师兄师姐们毕业后，要么去了体制内上班，要么就只能改行做别的。这个专业对于女生来说没那么友好，上山下乡极需体力，所以毕业之后，我就再没有从事过和自己本专业相关的工作。

依仗自己做了四年校报的记者，且大一暑假就去报社实习并发表过自己的稿件，毕业那年，我找到了在电视台实习的机会并留下来工作了一段时间。可能自己并不甘心待在家乡这个小城市，想出去闯荡一下，于是毕业后的第二年，我就选择离开了电视台，南下深圳闯荡。从那时起，便开启了我四处闯荡的人生。在深圳待了近三年，却始终有种漂泊异乡的感觉，恰逢到深圳第三个年头的时候，母亲生了一场大病，身为独生女的我又回到了家乡，但骨子里依然还是想要尝试各种不同的人生。我一直坚信，只要我愿意，我的人生可以有一万种可能，于是就有了后来在各行业的跨界，甚至还换了城市，或许也可以理解为命运使然，因为其实很多事并没有朝着我预计的方向走，而是被命运无形的手推着走向了另一个方向。

这场变故，让我重新回到生我养我的家乡南昌工作了若干年。2017 年，刚好遇到一个难得的机会，北京总部公司在招人，于是我就内部竞聘去北京工作了三年多。在北京的那段时间里，我的时间被工作和学习占据得满满的，忙碌且充实。当时的目标就是简单生活，顺利拿到研究生毕业证。回想起 2017—2019 年那几年，我感觉自己活得就像个机器人，翻遍了那几年的朋友圈，几乎是空白，没有给自己留下可以回忆的记录。印象中，在北京的生活就是周一到周五白天上班，晚上加班，周六日白天上课，晚上写作业，每天像个陀螺一样不停地转。那两年，我甚至都不敢生病，直至 2019 年 10 月完成了研究生答辩，顺利拿到毕业证书，我才真正开始思考我的人生将何去何从。

2020 年是我人生最痛苦的一年，但也是心智成长最快的一年。这一年，父亲的去世、工作未调动成功继而失业给了我双重的打击。记得当时的我费了好大的劲，努力想要改变自己的命运轨迹，却未能如愿。工作刚调动到北京的时候，我拿着南昌的工资在北京生活，两年内职位没变，薪资也没变，顶着高级人力资源经理的头衔干着高级经理的活，拿的却是助理的工资。每次领导给出的不涨薪的理由都非常充分，什么部门预算不够、新招的毕业生工资太低会离职等等，让我觉得不体谅领导都是自己的不对，然后我就不断地说服自己：人应常怀一颗感恩之心，毕竟当初也是因为有领导的赏识，我才有机会来到北京工作。随之而来的就是领导画的各式各样的“大饼”，并且回回都兑现不了。时间长了，我萌生了换工作的想法。由于当时所在单位是一家国有金融投资公司，就行业来说还是不错的，所以我的第一想法就是看看能不能在公司内部转岗，从人力岗转去做投资。刚好2019年底公司在做组织架构上的大调整，对内部员工进行人才盘点，借着这次述职汇报的机会，我做足了投资业务方面的功课。当时管投资和人力两个部门的副总对我的印象比较好，就在我以为转岗之事十拿九稳时，却不曾想最终还是因为各种复杂的原因未能如愿，于是领导找到我，劝说我去下属子公司做人力负责人。孰料我答应后的一周内，领导突然变卦说，不是去下属子公司做人力负责人，而是平调过去，且薪资不变，于是再次上演了一出画“大饼”的戏码，我一气之下就离职并离开了北京。

在经历过失去至亲的悲痛、失业的焦虑和迷茫之后，我开始重新审视自己，我深刻意识到生命短暂而脆弱，因此更要懂得珍惜和感恩每一天，要让每一天都过得有意义。也就是从那时起，我学会了调整自己的情绪和思考方式，不断学习探索找寻真正的自己，也渐渐开始去聆听自己内心的声音，慢慢找到了自己的方向。回顾过往的人生经历，我发现一到重大转折点，比如遭受磨难、发生变故、迷茫焦虑时，我都会莫名其妙被送去学习国学传统文化，而且还都是别人花钱让我免费学习，后来才发现我经历的这些都是老天对我的恩赐，是老天送给我最好的礼物。

每一段人生经历都是涅槃重生，每一次人生转折都是新的起点。遭遇困境、经历变故给我的生活带来的痛苦和挑战成为我成长道路上的动力来源，也帮助我打开了学习中华传统文化的大门。《易经》《道德经》等经典著作启迪了我，它们所蕴含的深刻的自然规律和人性规律，帮助我更好地理解自己和这个世界，也帮助我找到了人生的意义和价值，同时教会了我如何在困境中寻求自我成长。

人这一生或多或少都会遭遇各种挫折，关键在于如何应对它们。刚离职那会儿，我对前领导充满了憎恶和不满，但随着深入探索和理解生命的本质，我深刻领悟到其实我的前领导是来渡我的，她是我的对镜。若不是她，我可能还继续做着一份我并没有那么喜欢的工作；若没有她，我有可能到现在还没有找到自己的天赋优势及热爱的事业。正是有了人生的各种经历及尝试才铸就了今天强大的我。在经历了一段时间的迷茫和焦虑之后，我决定去打造自己的个人产品——21天改命行动营和高维创富圈。通过这两个产品，将自己所悟到的最本质的东西分享给与我有同样经历、身处迷茫困境、无法确认人生目标和方向的人。希望借助老祖宗的智慧，帮助他们找到自己生命的意义和价值，通过修炼内在来改变命运，用智慧提升生活质量，用好运开启新的人生。

那我是如何做到让自己脱胎换骨，让人生触底反弹的呢？

人通常只有在经历痛苦和绝望的时刻后，才会重新思考自己的人生，反思过去的所作所为，重新认识自己。也只有经历了这个过程，价值观才会被重构，从而发生脱胎换骨的变化。如果看到这篇文章的你正在遭受人生的重大挫折，请珍惜这难得的机会。

心法一：认清自己。

人最困难的事情就是了解自己，迷茫时就会看不清自己，所以不管身处顺境还是逆境，认清自己才是最重要的事情，尤其是当遭遇不顺时，更要保持冷静，切勿急躁，不去追求不切实际的结果。老子说：“知人者智，自知者明。”认清自己、重新定位，脚踏实地地做每一件事，有多大的脑袋就戴多大的帽子，当人能够认清自己时，才是改变的开始。

努力之前，先明白自己究竟要做什么，然后把时间花在对的事情和正确的方向上，再去努力。那什么才是对的事情和正确的方向？每个人的答案不一样，所以结果不一样。我首先会问自己几个问题：我自己最大的优势是什么？最擅长的领域是什么？自己做什么是得心应手、游刃有余、不知疲倦的？了解自己的天赋和优势，不断进行放大，慢慢积累自己的资本，而不是只要看到别人赚了钱的项目，自己也要跟风去做，哪怕自己一点都不喜欢，也不擅长，目标只是为了钱。当我学习一种新技术或是一个新技能时，想到的不是这个技能能让我多赚多少钱，而是它可以帮助我节省多少时间和精力。做错事比不努力更可怕，因为方向错了，我就会离目标越来越远。总的来说，成功的捷径就是把自己喜欢并擅长的事情做到极致。

心法二：看清本质。

困境是一个人的试金石，有的人可以触底反弹，人生从此持续往上走，而有的人则是跌进深渊，再也爬不上来，这其实是因为缺乏对本质的深刻认知所导致的。

境界高的人看本质，格局低的人看表象。电影《教父》中有句经典台词："那些只花半秒钟就能看透事物本质的人和一辈子都看不透事物本质的人注定有着截然不同的命运。"我们一定要弄清楚事物的本质是什么，宇宙最基本的法则是什么，弄明白最基本的规律，才能按照规律行事。那究竟何为本质？举个简单的例子或许更容易理解，这就好比手电筒发出来的光，当我们不停地追逐光，跟着光跑时，会发现怎么也追不到。因为光来自手电筒，光是表象，手电筒是本质，再往深里探究，手电筒的电或者电池才是最核心的本质，因为没有电，再怎么按开关也没有用。

所以，任何事物都是由一个看不见的核心点扩散出来，再不断放大的。只要掌握了这个核心点，就能准确地把握事物的发展规律和方向，从而提高我们的认知能力，在变化多端的环境中取得成功。

心法三：读懂宇宙密语、暗语。

直到后来，我才明白人生中遇到的每一件事情，其实都是宇宙不断地在向我们释放信号、给我们反馈。换句话说，当一件事情发生时，一定要想清楚为什么这件事情会发生在我的身上，为什么这件事会被我看见而没被其他人看见。举个例子，当我能听到站在我身边的两个陌生人的对话内容时，他们说的话在我的人生中就有意义，他们说的话就和我有关，因为他们是在给我传递讯息，也是在回应我的人生。而他们之所以与我相关，是因为我和他们处在同一个频率上，类似于我们只有将收音机的无线电波调到和电台同样的频率时，才能接收到信号并听到声音。如果处于不同频率，我们既接收不到信号，也听不到声音。同样，我们也不会注意到身边陌生人的谈话。所以，一天当中围绕在我们四周的每件事物都在对我们发出信号，持续地给我们传递并反馈讯息。如果注意到身边的人不是满脸笑容、没那么开心的时候，我会立马意识到自己的频率下降了，这个时候我会迅速调整自己的频率，比如听音乐，多想想让自己喜欢、开心的人和事物，直到我觉得自己处在了一个良性的高频率上。

人生经历告诉我，遭遇困境和经历变故对于人的成长是至关重要的，这种成长不仅是个人经验上的提升，更是一种精神上的升华和智慧上的转化。以上是我总结出来的三条成长心法，希望能够帮助大家走出人生的逆境和低谷，活出闪闪发光的人生。

其实我们每个人都在尝试着寻找属于自己的人生轨迹，就像海浪一样，不断拍打着礁石，不断高歌猛进。

事业双曲线，评说多彩人生

■ 李传坤

商业培训师

曲艺演员

故事主播

当此刻提起笔时，我刚刚结束了第八届“南雍书会”的演出。“南雍书会”是集评书、评话、评弹、相声于一体的综合性曲艺专业交流盛会，而我作为南京评话的重要传承人已经多次参加“南雍书会”的演出了。本届书会我表演的是南京评话《聊斋》选段，现场的演出效果十分火爆，虽说是传统名著，但是由于我的改编和二度创作，加入了我个人声情并茂的表演，这个节目有了较强的观赏性和趣味性，将一段人们印象中的神怪故事，演绎成了为人津津乐道的奇闻轶事。

讲到这里，你也许会认为我是一名曲艺表演者，如果你这么认为，你只说对了一半，在我的职业生涯中确实有这一条曲线——曲艺表演。我自 2006 年起就从事南京评话和相声的专业表演，是江苏省曲艺家协会会员、南京评话重要传承人。

这些年来，我一直致力于评话素材的整理、创作作品、表演节目。我表演南京评话的书目包括《聊斋》《三言二拍》《隋唐演义》《南京民间故事集锦》等。在疫情期间，我还在抖音直播和喜马拉雅 App 上，表演与录制了南京评话《水浒传》系列，同时我还受邀在喜马拉雅 App 上录制了当代知名新锐武侠作家雨楼清歌的代表作《天下刀宗》，此作品与其他有声书朗读作品的表现形式不同，我是以评话的形式演播的。这个作品专辑在喜马拉雅当时的新品排行榜上，紧跟德云社的专辑之后，目前播放量已经远超百万次了。近几年我还参加了全国曲艺新人新作展演，获得了省级故事大赛的奖项。此外我还数度受邀参与省级电视台节目的录制，尤其是在 2018 年我有幸参加了省级电视台春节联欢晚会的录制。

说了这么多，你也许会很好奇，为什么我会从事评书评话的曲艺表演工作？要知道现在听书的人真的不太多，其实所有的一切都源于我孩提时代兴趣的养成。小时候我每天在收音机里听单田芳、田连元、刘兰芳、袁阔成等评书大家说书，后来电视里又有了《电视书场》栏目，这让我更进一步地感受到了说书艺术中金戈铁马的壮志豪情，侠骨柔肠的温情脉脉，才子佳人的缠绵悱恻。慢慢地，我就不局限于去听去看评书了，而是去表演评书。成年后我又求教于南京评话大师孔幼平先生和查志华先生，我的评话表演技艺大有精进。

在正常的演出之外，我还渐渐开始了与曲艺相关的培训教育工作。2018年的一天，一位朋友突然给我打来电话，说是有一个小学生要参加全国故事大王比赛，想请我给孩子的节目做指导。起初我是不太想去的，首先我表演的是传统曲艺评话，与孩子讲故事不是一个维度，虽然说表演形式上有某种一致性，但是总给我一种“降维打击”的感觉。此外，我的另一项工作是给企业做培训，受训人员都是成年人，而给小孩子教学，我还没有经历过，一方面觉得这种教学有点小儿科，另一方面又怕与孩子不能同频，孩子无法感知到表演的要义，所以我从心里是比较排斥这件事的。也正因为如此，之前我是从来不教孩子的。但是这回碍于朋友的面子，所以我说先见一见孩子吧！于是选了一个周末，在朋友那里我见到了那个孩子，孩子姓潘，我就在这里称呼他为小潘同学。见到小潘同学的第一眼，我就感觉这个男孩子虎头虎脑挺可爱的，而且他眼中有光，很神气，他给我的第一印象就很不错。接下来我让他先表演一下参赛的节目。这个节目是他语文课本里的一篇文章《林冲棒打洪教头》，我一看心中又是一阵欢喜，因为这不是孩子们常说的童真故事，而是一部传统评书《水浒传》选段，这类题材还是很合我心意的，于是我认真地看了小潘同学的表演，让我感到欣慰的是，虽然他的表演还略显稚嫩，可是并没有一般孩子表演故事时的朗诵腔和扭捏作态之感。小潘同学的表演很自然，故事里的人物塑造也很不错，有模有样的。我感觉他是个可塑之才，于是我便欣然答应为小潘同学做指导。在接下来的日子里，我对小潘同学的表情动作、人物塑造、语言表现力进行了专业的指导。最后小潘同学在这段节目的表演上有了很大的提升，不过对于他能取得什么样的成绩，我心里还是没底的。当然这个答案很快就有了，小潘同学的妈妈在比赛后第一时间给我发来了信息，开心地告诉我小潘同学在这次全国故事大王比赛中获得了第一名，著名评书表演艺术家刘兰芳先生还特地给小潘同学做了点评，打了高分。我得知后，也特别开心，一是为小潘同学这段时间的付出有了回报而高兴，二是通过我自己的教学能让孩子取得如此好的成绩，说明我的教学方式还是行之有效的。**其实在整个教学过程中，虽然我在传授技艺，可我也对曲艺表演有了全新的体会和认知，我对人物的理解和整个故事的驾驭力提升了，这也正是我们常说的教学相长的道理。**

除了在舞台上表演，我还专注于职场的教学和培训。**这种授人以渔的成就感，让我坚定地画出了事业双曲线当中的另一条曲线——职业培训。**

说起企业培训，我已有二十年的经验，曾为中国移动、中国平安、惠普等众多知名企业进行培训赋能。

二十一年前，我在某家销售公司上班时，公司的主要销售形式是会议营销。从那时起，我便对会议主持、产品招商、销售演讲、团队协作等知识有了深入的学习和实践。那时我是先从会议主持开始做起的，后来我想让自己的能力有新的突破和提升，于是便去寻找上台宣讲产品的机会。有一次，公司的销讲师突然生病了，不能出席第二天的招商会议，我便主动向领导请缨，毛遂自荐来做这次会议的销讲师。领导想了想，一看实在没有人可以上，便批准了我的自荐，并且嘱咐我说一定要好好准备，顺利完成这次销讲任务。我临危受命，心情既兴奋又紧张，兴奋的是得到一次提升自己职业技能的机会，在新的岗位上挑战一下自己；紧张的是虽然我有主持和舞台表演经验，但是销讲师的角色定位和岗位职能与我以前的职场经验大不相同，毕竟这个岗位不仅仅是要在舞台上进行呈现，它更看中的是招商会的成果和销售业绩。因此我连夜进行销讲内容的梳理和宣导方案的演练，好在我平时就有相关知识和技能的积累，不至于临时手足无措。我在家里演练到凌晨两点才休息。第二天早上我来到会场，在激动和紧张的情绪中走上了会议舞台。演讲一开始，我设计的是以提问的方式与来宾互动，我问大家："你们知道对人生最重要的是什么吗？"我原本是想引入健康的主题。没想到台下的人却回答："人生最重要的是钱。""是老婆。"听了这些答案，大家哄堂大笑。我当时也有些傻了，心想这是来拆台的吧！不过丰富的舞台经验让我很快镇定了下来。我急中生智点了点头，笑着说："这两位朋友说的都对，但是并不全面。其实人生最重要的是三件事，那就是自己有了钱，然后拉着老婆去健身，获得健康，你们说对不对？"台下人一听又是一阵大笑，随后鼓起掌来。我一看大家已经认可了我的观点，并且很自然地跟着我的节奏在走，于是，我便继续侃侃而谈，演说起招商主题和产品。虽然第一次的招商演讲中出现了这样的"小意外"，但是在整个演讲呈现方面还是可圈可点的，在最后的发布招商政策环节也是一气呵成，很到位。会议结束后，统计的招商业绩超过了往期招商会的平均值，看到这样的结果领导还是很满意的。从此之后，我便走上了销讲师之路。

又过了几年，我把自己在销讲上的经验进行了总结提炼，辅导其他伙伴进行销售演讲，慢慢地形成了自己的一门销讲培训课程。后来，我还研发出了与我的特长及工作经历相关的培训项目，成为一名职业培训师。培训内容涵盖销讲力、销售铁军、团队协作、领导力、故事影响力等方面。除了做企业培训，我还在线上录制了“故事思维让你成为销售高手”课程，也是广受好评。

由于我拥有曲艺演员特有的语言表现力，因此也有演讲老师找到我为他们的课程助力赋能。一位资深的演讲老师在线上开办演讲训练营时，特地邀请我讲授了一节关于“语言中的模仿力”的课程，在这个课程中，我把我多年来所积累的曲艺表演经验和培训授课技法结合在一起，不断挖掘学员自身潜在能力，让学员模仿出自己生活当中熟悉的人物。通过这个课程的训练，学员的语言表现力和演讲力快速提升了，课程也备受大家喜爱。

这就是我的事业双曲线，一条是传承文化的曲艺表演曲线，另一条则是授业解惑的培训导师曲线，这两条曲线交织在一起，汇聚成了一片波澜壮阔的海洋，这才算是多姿多彩的人生吧！

其实我们每个人都在尝试着寻找属于自己的人生轨迹，就像海浪一样，不断拍打着礁石，不断高歌猛进。如果有缘与你相识，就让我们一起勇往直前，拥抱未来的挑战和机遇吧！

机会总是留给有准备的人，如果自己不准备好的话，即使好运降临，也会错过。

加速奔跑，向梦想出发

■ 李鲲

高级 PPT 培训及设计师
网络工程师（NCNE）

每个人都有一个自己的梦想，我们对实现梦想充满了渴望。然而，现实往往不如人意，迈出追梦的第一步是可怕而困难的。

我叫大鱼，来自一个全球500强企业。听起来很厉害，是吧？的确，能进入全球500强的企业肯定不简单。作为一个大型国企，它是国家的支柱型企业，在国家的煤炭动力保障和经济建设方面发挥了巨大的作用。尤其是近几年，集团转型为能源清洁开采和新型煤化工双轮驱动，插上了腾飞的翅膀。我在集团中的一个单位——科学技术研究院工作。再往细里说，我在这个科研单位的条件保障办工作，说白了就是综合办公室。说到这，大家肯定都明白了，什么高大上、高精尖的工作都和我没有任何关系，我日复一日地做我该做的工作——行政、党务、后勤保障。一切都是那么的平凡、安逸，这就是我的生活。

我的专业是电子商务，我曾经梦想自己是一名程序员高手，写出能服务社会的程序；梦想自己是一个网站设计高手，让全世界都能浏览自己的成果；还曾梦想自己能叱咤商界，打造自己的商业帝国……可最终我遵照家人的意愿进入国企，进入了一个和专业根本不相关的办公室，整天面对着“文”山“会”海，我曾一度认为人生就这样了。

光阴如梭，时光飞逝，转眼已过不惑之年。就在疫情快要结束的那年，在抖音上，我看到了一位朝气蓬勃的老师述说他对PPT的理解和感悟，把一篇篇毫无头绪、杂乱无章的文稿进行脱胎换骨般的修改，我被触动了，就像一股小小的电流流过一台小小的电机一样。

我突然想起了一段话：**“别人可以替你开车，但不能替你走路；**

可以替你做事，但不能替你感受。人生的路要靠自己走，成功要靠自己去争取。天助自助者，成功者自救。”机会总是留给有准备的人，如果自己不准备好的话，即使好运降临，也会错过。

为什么不去做呢？就算没有成功，至少我努力过，而且就算我不能放弃现在的工作，但也可以让我的工作做得更好，不是吗？放弃安逸，我应该跑起来了！

报名房金老师的课程后，我就像一条鱼儿遇到了河流，尽情畅游！用一周时间，我学了所有的课程，做了所有的作业。当我被长生教练评为学霸的时候，我感觉还远远不够，因为我想追逐房金老师的步伐（说到这里，也许有很多人会笑我，认为不可能，但我不会介意，因为没有追逐，又怎么超越呢?）。于是，我继续报名了逻辑美学课程，进行更深入的学习，同时开始不断地练习。

也许是机缘巧合，单位开始建立学习型组织，要求每个人都上台当老师，把自己擅长的技能或学识展现给大家，这是一个让所有人的素质都能提高、让每一个人都有机会展示的平台。我思忖良久，决定将我学到的PPT知识作为讲课内容。讲课前，领导把我叫进了他的办公室，问我：“你讲的是PPT的制作与提高，那你认为什么样的PPT才是好的PPT?”我不假思索地回答：“能让观众在最短时间内接收到最多演讲者想传达的信息，就是好的PPT。”说实话，领导这个问题问得一针见血，这个问题的答案不就是逻辑美学的初衷和目标吗?

这是我职业生涯的第一次讲课，因为是第一次，所以我在之前的一周里都在准备课件和发言材料，认真努力地备课，思考着课堂上可能会发生的各种情况和应对办法，尽量做到万无一失。周四下午3

点，当会场里的领导和同事都开始就座，看向我这边时，我的心顿时紧张起来。“开始吧！”领导一句话让我心里咯噔一下，脑海里一片空白，紧张到把语速加到不知有多快，这就是我第一次的开场。渐渐地，我沉浸到了自己的讲课中，因为我发现，包括领导在内的所有人都在非常认真地听我的演讲。慢慢地，我竟然有了房金老师讲课时的那种感觉，不仅有了节奏，还和大家互动。看着课件一步步地从文章中找出头绪，再一张张地呈现精美而极富感染力的画面时，我感到领导的眼睛亮了。讲完后，领导给了我极高的评价，同事说我在整个演讲过程中是发光的。

看着领导肯定的目光，想着同事赞许的言语，我知道，这一切都是逻辑美学带给我的。现在的我正奔跑在一条正确的跑道上，我所要做的，就是加速，再加速！

接下来的日子就比较苦了，除了正常的上班，还不断接到做PPT的工作，给集团领导做，给部门做，给同事做，给朋友做，申报奖项要做，别人汇报也要我做，就连朋友的孩子也让我帮忙做，林林总总，一发不可收。不知道熬了多少个夜，颈椎就一直没有舒服过，没有多少人知道我的付出，就算知道，也是投来不解的目光。但是我从不拒绝，因为这都是我的机会，只有死磕才能提高，我认为这是亘古不变的真理！有人说过：“每一个成功的人都曾走过一条充满挑战和磨难的路。”一路顺风顺水的人，不会变得伟大。世间没有安逸舒适的道路，也没有不费力气的成就。在这个世界上，除了努力，我们别无选择。

我们都会有一个舒适圈。跳出舒适圈，需要的是勇气。我们应该意识到，我们并不是生来就是优秀的，在平日里要不断提高自己，挖掘自己身上所有的可能性。我们要从身边人的故事和经验中学习他们是如何做到的，慢慢地，我们也可以发现自己的天赋。

国企是一个曾让我有安逸度过此生想法的地方，如今我却因为逻辑美学，跳出了自己长久以来的舒适圈，再次焕发了生机，勇往直前，追求自己的梦想。在追梦的路途中，加速，再加速！**我们跑得越快，获得的成就也会越辉煌！**

我坚信，滴水穿石，不是水滴的力量，而是坚持的力量。

离开商学院八年，我的人生下半场才拉开序幕

■ 林特舒

团队效能提升教练
陪跑十几个核心团队，最高实现500%显著效能增长
帮助营业额从3000万元到10亿元的十几家企业建设高凝聚力、高效能团队，平均实现2倍以上的效能增长

滴水穿石不是水的力量，而是坚持的力量！

你好，我是特舒。

我是一名团队效能提升教练，在疫情期间，我陪跑了十几个企业的核心团队，帮助它们平均实现2倍以上的效能增长。其中，在2018—2022年，陪跑J公司的创业骨干团队，实现业务战略转型、团队管理能力提升，他们的业绩从2000万元增长到1.2亿元；在2019—2020年疫情最严重的时期，陪跑H公司建立领导团队，他们在业务减少90%的情况下，实施业务战略转型，当年扭亏为盈，目前该公司在新赛道排名全国前三；在2023年，陪跑L公司建立领导团队，支持他们的商业模式升级转型，目前他们的新型门店坪效（每坪可以产出多少营业额）增长3倍，人效增长20%。

有人问我："你是怎么做到的？你是怎么成为现在的你的？"

今天，我想跟你聊聊我的故事。如果你面临人生危机，感到迷茫、焦虑，但依然不放弃；如果你带领团队，由于团队效能低下而感到无力；如果你面临团队分崩离析，但你不甘心就这么草草收场，希望我的经历能给你一些启发。

表面光鲜的生活，却不是我想要的

从小到大，我是邻居眼中"别人家的孩子"，品学兼优，求学一帆风顺。毕业后，顺利进入一个500强央企从事创新业务发展管理工作。后来又利用业余时间，考上了厦门大学MBA硕士研究生。研究生毕业后的第二年，基于对母校的热爱和对教育培训行业的向往，我转换了行业，离开了工作11年的央企，入职厦门大学管理学院高层管理培训中心（EDP中心）。我组建了一个十几人的团队，在福州开办厦大的总裁班培训教育，前后开办了20个专业（资本运营、企业管理、房地产、国学经典等）的企业总裁班。当时，厦大管理学院EDP中心作为进入福州市场最晚的选手，面对十几个竞争对手，我带领团队在一年内成为福州市场的第一。

那几年，我每天与商业成功人士、社会精英打交道，周末听来自全国各地的名师授课，参与学员们的交际联谊。我最开心的时刻，是我收到一些学员的反馈，说他们通过总裁班课程拓展了思维和视野、增加了人脉，在事业上有很大的提升。作为一名跨界转行到培训教育行业的工作者，能够帮助和支持学员，是我最大的成就。

然而从2014年底开始，我渐渐有些不安，身边的一些总裁班学员，他们的企业先后出了问题，我不时听说现金流断裂、老板失联的消息，这其中包括曾经很辉煌的浩伦农科（1999年就在香港上市的公司）。我清晰地记得，曾经在国学班的课堂中，这位董事长与自由学者王东岳老师的一番对话。当时，东岳老师讲到了“递弱代偿”原理，提到越是传统的东西，越是稳定，这位董事长感慨地说：“老师，如果我早几年听到你的课就好了，我现在的打法一定不一样……”他说这话还没几个月，怎么就失联了？

我在反思这是为什么，究竟哪里出了问题？我们在前端需要开拓市场，而学校后端的行政管理体系难以响应前端市场的需要，我好像越来越缺少方法和力量去留住和引领我的团队小伙伴，异地办公令我们在物理空间上对厦大没有那么强的归属感，同时，与校本部之间沟通的障碍与会议机制的断层，也让我感受到越来越强的无力感。

中年危机让我开始思考，究竟我的人生使命是什么？是否有比教育体系更有效的系统，可以支持自己以及企业组织的发展？是否有一条路可以让自己和他人的人生既高效又幸福？

2015年，我决定给自己一个间隔年，打算从过去忙碌、光鲜亮丽的工作中停歇下来，让自己充电学习。

离职后，经历人生的至暗时刻

我从厦大裸辞的底气，是我有被动收入。当时我的理财投资收入足以应付我的日常生活开支，也就是说当时的我是财务自由的（被动收入大于总支出）。最初的3个月，我每天白天在美丽的河边散步，享受波光潋滟、春日暖阳、茵茵绿草、绿树参天的美景，间或参加花道、茶道、古琴等修身养性的课程，每个月去两次上海，参加自己感兴趣的身心成长及应用心理学课程……我很开心，很喜悦，觉得自己不断在充电。

然而，人生总是充满了戏剧性的转折。在我离职3个月后，我发现自己几百万元的巨额投资面临损失，帮我理财的那位女企业家即将破产，突然间，我一下子跌入了人生的谷底。那时的我，没有固定的工作，没有固定的收入，而我未来的职业方向也尚未清晰，同时我失去了此前我所有的积蓄（也包括父母的一些积蓄），甚至我可能还要陷入负债之中，那个时候的我感觉天地都是灰暗的……

将近一个月的时间，我一度焦虑到晚上睡不着觉，我感觉自己愧对老公、孩子、父母，我也没有脸面对我在厦大曾经的学员，大家问我现在的职业，我一度遮遮掩掩，害怕被嘲笑。一向骄傲的我，内心非常受伤，我感觉自己彻彻底底跌入了深渊当中，完全没有了安全感。

上帝在为我关上一道门的同时，为我打开了一扇窗

在痛苦中，我一直在寻求可能的帮助。偶然在微信中，我遇见了一位ICF（国际教练联盟）认证的新手专业教练，通过与他一小时1

元的一对一对话交流，我对自己面临的人生困境做了一些梳理。**这些梳理虽然不能马上解除我的困境，但我仿佛在全然的黑暗中看见一丝光亮透了进来，我看到了救赎自己的潜在可能性**。

后来，我终于下定决心投资6万元（这笔学费对于当时的我而言算是一笔巨款），跟随ICF认证的国内第一个PCC级别的专业教练谭海引老师学习专业教练课程。学习教练课程时，通过我与教练导师的第一次一对一对话，我放下了内心对自我的批判、否定以及内疚、自责的负面情绪，逐步与自己和解。此后，我有了第一次清晰认识自己人生使命的喜悦，坚持了2000多天每天5点半早起进行专业教练训练，通过持续的刻意练习，我找到了自己内心本自具足的力量。这种力量在我的内心一度沉睡，就像被蒙上泥土的钻石，一度是灰暗的，通过持续的对话，钻石的光芒开始闪耀。同时，我持续锻炼自己深度聆听（听到对方没有说出来的心声）、强有力提问（通过提问让对方有恍然大悟的感觉）的能力，以及改变自己的底层心智模式（我不够好、完美主义倾向所导致的不自信）……

我在践行通过转化式的对话，改变自己、影响他人，促进自己意识能级的提升，也影响他人意识能级的提升，大家一起拥有越来越多的正能量。我清晰地记得，在我学习的第3个月，我以半公益的形式给一家深圳企业的副总裁做一对一的领导力教练，当我引导他发现他的人生理想之时，第二天清晨，我收到他发送的对我表达感谢的邮件。那一刻，我被他赋能，我感受到了生命影响生命的力量……

2017年，我用半兼职的方式，结合专业教练的知识，支持一个非政府组织（NGO）的发展，取得了良好的效果。

2018年，我决定正式创业。创业之初，我踌躇满志，想要建立福建省第一个固定的企业家私董会小组。当时我找到一位伟仕达私董会（国际知名私董会机构）的教练，邀请他来带领小组，但在建组的过程中，我们遭遇了巨大的困难。近两个月的时间，我们拜访了几十位企业家朋友，他们对私董会感到好奇，但是无法理解私董会究竟能给他们带来什么样的帮助，不愿意付几万元的年费来参加。但我深信企业家私董会的价值，在我们的努力下，最终有8位企业家愿意信任我们，参加了小组。每两月一次的私董会议，带给组内伙伴在企业经营与管理认知上的改变与突破，价值巨大。然而作为一个区域私董会，基于保密等因素的考虑，有先天不足，难以实现盈利，所以作为主办方，我们是亏损的。当时，有位资深女企业家对我说："特舒，你为什么要搞这么累？还赚不到钱，你不如找个企业上班，每年拿几十万元的年薪不是更好？"我再次陷入迷茫……

在迷茫中，我心里仍然有股劲，我始终坚信企业教练对企业的帮助与支持是巨大的。2018年，一位"80后"创业者找到我，他的公司面临业务转型升级，希望提升骨干人员的能力。我给他量身定制了一对一提升领导力的教练支持方案，3个月后，他很满意。那一年，这个公司实现了主营业务从硬件占比80%以上，调整为硬件占比30%、服务占比70%，整体业务结构发生变化，利润增加。2020年，当他们再次面临战略转型升级时，老板继续找到我们，定制了团队效能提升服务，前后持续近3年。4年时间，他们的业绩从2000万元增长到1.2亿元，跨越疫情周期，成效显著。

在此期间，我投入了近百万元的学费，学习组织教练、企业组织健康、引导技术、战略落地等各个领域的知识，每天要么在给企业做辅导，要么在学习或者在去学习的路上，只为了更好地帮助企业提升团队效能，成就健康企业、幸福组织。

在过去的几年，我们专注于企业团队效能提升的辅导，帮助IT、游戏、网络安全、餐饮等行业的十几家企业（其中3家福建省瞪羚企业、1家独角兽企业、1家专精特新企业）建设高凝聚力、高战斗力的核心团队，提升团队效能，平均实现2倍以上的效能增长，让人才真正成为第一生产力。

所有这一切成就了现在的我：一名团队效能提升教练，我们赋能企业高管团队，引导企业家建立高凝聚力的核心领导团队，经过组织健康咨询辅导，帮助团队提升效能。

在这个过程中，我践行了一套行之有效的方法，支持团队效能提升，也学到了4个最重要的智慧人生密码，在这里分享给你。

任何时候，永远不放弃希望

在我人生最灰暗的时刻，我曾经一度想要离家，遁入深山，成为一个归隐的人。我不明白自己为什么会把人生过成这样，我甚至一度在内心判定自己是个失败者，我的潜意识在进行自我否定、自我攻击。有很多个夜晚，我独自默默哭泣，这些一度影响到我的身体状况。与此同时，我的头脑里一直守着一条警戒线，那就是：世间事，除了生死，都不是大事。只要不放弃，就有希望在！**我想，是这份信念，一路引领我在至暗时刻、在关键时刻遇见贵人；引领我看见生命的光，找到了事业的新方向；引领我活出真实的自己，也散发自己的光，去照亮身边的人……**

刻意练习，日拱一卒

人因梦想而伟大。对于很多人来说，儿时的梦想显得很遥远，或者走着走着就忘记了当初为什么出发。我在39岁面对人生危机时，开始探索自己的天赋与使命，这些年，一路成长探索的学费累计近百万。当我第一次看到自己的愿景是成为一名优秀的教练、正向影响 100 万人的时候，我的内心有着满满的感动，后来持续探索的过程让我进一步明确了自己的使命：在组织当中推动人的意识升级，帮助中小民营企业家既成功又幸福。为了践行这个使命，我从 2016 年开始，每天早上 5 点半起床，进行 1 小时在线教练学习小组对话练习，前后坚持了 2000 多天。我坚信，滴水穿石，不是水滴的力量，而是坚持的力量。通过每日的刻意练习，专注当下的行动，日拱一卒，功不唐捐。

人生不是物质的盛宴，而是灵魂的修炼

稻盛和夫先生在自传中曾经说过："人生在世，直到终要咽气的那一天止，都是在体验各种各样的苦和乐，在幸与不幸的浪潮冲刷中，不屈不挠地努力活着。"同时，他还说："人生不是一场物质的盛宴，而是一次灵魂的修炼，使它在谢幕之时比开幕之初更为高尚。"这些年，我一直在体悟稻盛先生所言，越来越感受到这是人生的真谛。人终有一死，当生命来到最后一刻，当你就要告别人世那一刻，回首人生路，做到了什么，才让你不留遗憾？在那一刻，所有的物质——房子、车子、票子、孩子……我们都带不走。那我们能带走的是什么？名誉、利益、权力、情感，在那一刻，我们都不得不放下。这一生，我们通过所有痛苦与快乐的事件所体验到的成熟的心智、努力的动力、感恩的心、净化的灵魂，也许可以陪伴我们进入下一站的旅程……

可以跨越经济寒冬的核心竞争优势

当老板的，每天上班是否舒服，关键在于核心高管团队。一把手

心累，问题往往出在核心高管团队。这个团队如果有矛盾、没有信任感、不担责，老板一定会干得很累，而且感到特别孤独。2023年末，面对经济寒冬，为什么90%的企业赚钱越来越难？因为你不可能在原有环境，用旧的认知、旧的行动拿到新结果；因为你不可能拿着旧地图，找到新大陆；因为你不可能走老路，到达新的地方。

支持企业打造高凝聚力、高战斗力的核心高管团队，提升团队效能，成就健康企业、幸福组织，是我一生的志向！

希望每一个人都能把握当下，活在当下，珍惜生命的每一个时刻。

经营好自己是对生命最好的回应

■ 林宸言（Ryokolim）

东盟跨界创业家
人生探索成长教练

如果生命只剩下10分钟，我跟大家分享的主题会是如何活好人生，活在当下。当我们拼命地追求未来的美好时，可能错过了当下的美好时光。

复盘自己的过往，从童年时期、中学时期到大学出社会，从打工者到成为管理者，再到创建公司，一转眼就来到了中年时期。追求所谓的美好，又有谁真正获得了？现在懊悔那些错过的，又有谁能够回到过去的时光？

年少时，我总是觉得自己的时间很多，也嫌弃过时间过得很慢。有一天，在阅读一本书的时候，我突然发现了一种让时间变快的魔法——听音乐。但慢慢长大以后，才知道这是人们觉得无聊的时候，用来打发时间的方法之一。人啊，在慢慢长大的过程中，心中的魔法也慢慢地不见了，人生也趋于平凡。**人生所遇到的事件都是独一无二的，所以只有活在当下才会觉得有趣。一旦开始追逐未来的目标，人生开始就会变得有压力而且无趣。**

少年时期的我，努力读书是为了能实现自己心中的理想，过程很开心，但结果是让我失望的。

出了社会的我，为了工作而忙，为父亲的事业而忙，过程不容易，结果也没有很好。

在我40岁时，发生了一件很严重矛盾的事，此事很复杂，这里就不细讲。这件事的发生让我明白了一个道理，就是如果不自己先活好，只为他人而忙，最后就会像泥菩萨过河一样，到最后连帮助他人的能力都没有，还得把自己搭进去。过往种种的经验，让我明白了人生不是努力就能获得成果，前提是方向要正确。方法不对，努力白费！

通过此事，我也明白了很多事情的选择和处理的方式，都跟自身的认知有关。当我认识到了这点，我就开始不断地学习，像海绵一样吸收知识。不管是什么样的知识，只要能突破自己的认知，我都会去学。不是得到，就是学到，所以我不断地尝试，想借做事来拓宽自己的能力边界。但我身边的朋友都觉得我着魔了！问我学那么多不同的知识，负责那么多不同的事情，最后到底要干吗？认识我的人都觉得我很迷茫。是的，进入一个新的赛道，迷茫是一定的。我一边观摩学习，一边释放自己的压力。或许他人是在努力地做，而我只是在努力地玩，因为我原本就不在这个赛道。而在忙碌的过程中，我觉得自己很充实，尝试了很多不一样的事，接触了很多不同的人，也更加了解自己的特点，就像海峰老师说的，**你要看到足够多的人生版本，你才能知道自己想要什么样的生活！**

疫情期间，我遇到了实践家创建的财富海洋平台，在这里认识了林老师和郭老师，他们的正能量温暖了我，让我有力量从自己的情绪低谷里奋力一跃。其实我是一个不轻易表露情感的人，不管自己的情况多糟糕，都会以积极正向的面貌示人。我有遇到挑战不服输的倔强性格，我希望我带给身边人的都是积极正向的能量，却因为之前遇到的重大事件而导致我对自己产生了怀疑，甚至有抑郁的倾向。但就在这时候，我遇到了实践家的线上平台，这两位老师的正能量与示范、在平台上的互动与无私分享深深温暖了我的内心。通过与学员们的交流，我自身的价值感得到了提升。我不需要因为身边的人不了解我、误解我而自我怀疑，就像林伟贤老师常说的，**“人生很长，你可以过得更好”**。

通过这个平台，我认识了很多与众不同的人，这些人有着不同的生活方式，来自各行各业。林伟贤老师说他就像窗子，他确实打开了我的视野；而郭腾尹老师就像镜子，他不间断地通过徒步发短视频，启发我反思。感谢自己勇敢参与这次合集的编写，也感谢海峰老师教练式的引导，让我的写作思路变得很清晰。

在这段时间，我联结了很多与众不同的高手，观摩他们如何做事，如何做社群，如何做引导与回应，思考他们为何这么做，也从中学习他们的特点和经营模式。

在这两年里，我不间断地深度学习实践家的课程，从“富中之富”的发现之旅，到领航教练课程，到成为教练课程的助教、亲子课程的成长向导，参加 Money&You 第 698 期，参加线上 PDEC 创业课程第 3 期。当然也参与了一些国内的课程，比如喜马拉雅的主播课程、永澄老师的教练式拆题，参与了 DISC＋社群举办的一些线上课程、直播与教练的商业思维共读会，还有古典老师的读写营、李珂老师的心友会等等。这些经验对我来说都非常有帮助！

但是当我回到现实生活中，发现自己好像跟原来的生活格格不入了。身边的人都不太了解我说的事，他们有点懵。我忽然发现跟身边朋友之间的认知有了差距，有点沟通不畅了。我在这段时间的学习，在我现有的圈子无法落地执行，这可能跟文化差异有关，这让我感到非常焦虑。旧的模式和新的知识相互碰撞，新的思维和旧的想法相互拉扯。之后，我用了将近半年的时间调整自己跟实际生活，和自己的行业、地域文化做连接，简单来说，就是自己跟自己做调解。

但是，我还是觉得好像缺了什么似的，之后我就去 EMR Academy 学院上了 NLP 初级专业教练课程和脑科学教练课程。在这些课程的学习过程中，我挖掘到了自己的一些信念和价值观，也意识到了自己的一些需求，从而调整了自己的步伐，不再那么焦虑。在课程中，导师对教练技术的运用，帮助我挖掘了自己的限制性信念，让我有所体悟。

一天，我突然发现我真的学了很多不同方面的知识，可我在生活中要面对的难题还是一样存在。不管我如何愿意与人分享和交流学习中的感悟，实际生活状况还是一样没有很大的改善。我忽然想起林伟贤老师说过，学习是要有规划的，学对工作和生活有帮助的课程，而不是囫囵吞枣。我开始有选择性地听课。

我也开始反思自己的这些状况是不是因为不了解自己导致的。还记得在上“富中之富”发现之旅课程时，郭老师说过，了解自己是一生的功课。对啊，如果我不了解自己，在外如何学习知识都于事无补，就像在空中建楼阁，没有地基的房子一点都不牢固。

我踏上了了解自我的旅程，除了学习 DISC 的测评、古典老师的职业生涯测评、得到 App 里花不脱老师的沟通课程里的测评与管理者风格测评，还有 MBTI、生命数字等等，当然也少不了最新流行的人类图解读等一系列的工具。只要能测的，我都测一遍，想找出那些比较契合自己特质的天赋。在这里补充一点，所有这些测评工具都是为了让我可以从更多维度、更多视角来了解自我，也可以说是深挖自我，发掘自己更多的可能性。

当然除了测评，我也参考了很多心理学相关图书，比如伯特·海灵格的《爱与秩序：海灵格人生智慧箴言》、修·蓝博士的《零极限》。“只要有疑虑，就去找答案！”这是我的学习格言。在摸索学习的过程中，我真的受益良多。

但学习这些以后，我又有了新的疑虑。为何学习了那么多，还是没办法一直保持积极的精神状态？到底这是不是自己想要的人生？为何在自我提升的过程中，还是会内外拉扯？是不是就像有些导师说的，没有走在自己正确的轨道上？为何自己那么努力改变，但有时又感觉被打回原形？

在反复思考与复盘自己的人生后，我忽然发现这一切的源头竟是自我价值感在作祟，我习惯于把他人的需求放在自我需求的前面，对别人的事情全力以赴，把自己的事情后置，甚至忽视自己的需求。而这些都是自我价值感低的表现，深挖这背后的讯息，竟然是“我不值得”。**当自己的需求与他人的需求无法获得平衡时，也会影响自己的生活质量**。我相信其他人同样会面对这样的难题。

一天，我翻到一本书，书名是《生命的重建》，作者是露易丝·海，她是美国的一位心灵启发大师，她说：“对我们最有害的是憎恨、批评和内疚。如果把憎恨溶化，甚至可以使癌症痊愈。如果我们真正地爱护自己，我们的生命便有成就。我们一定要对过去网开一面，宽恕所有的人。我们一定要开始学习爱护我们自己。我们应该接受当下的自己，对自己满意。”

是啊，如果爱是水，当我有一杯水的时候，我能给予别人的也只有一杯水。当水开始慢慢见底时，我就会焦虑不安，但如果我能足够爱自己，能够先学会保护好自己，把自己的人生先经营好，有一片海洋，那付出也能滔滔不绝。所以不要批评自己，也不要批评他人，一定要先把自己照顾好，把自己的状态稳住。把当下的自己经营好，就是对自己生命最好的回应，而外在只是我们内心的投射。我们都知道未来是每个当下组成的，但是又有多少人能活在当下？所以记得当下的力量最大，当我们把自己经营好，我们也就懂得如何协助他人活得更圆满，这样也更实在。

所以如果生命只剩下 10 分钟，让我做最后最重要的分享，我想我会把题目定为“经营好自己是对生命最好的回应”，希望每一个人都能把握当下，活在当下，珍惜生命的每一个时刻。

只要我坚定信心，永远保持上进求真的心态，不断学习和提升自己，让自己实现一次次的蜕变，我终将实现自己的人生价值。

蜕变

■ 牛三

企业内训师

樊登“可复制的领导力”授权讲师

1988年8月8日，我出生在甘肃省庆阳市子午岭林区一个普通的林场职工家庭，父亲是林场职工，母亲是林缘区乡村小学教师。在父母的呵护下，我度过了无忧无虑的童年和懵懂无知的少年时期。

林场处在偏僻闭塞的大山深处，这里山高林密，山清水秀。除了十几个林场职工在此居住以外，周围很少有人家，因此，我的童年只有四五个年龄不等的小伙伴，大家整天在一起玩耍。单调、纯真、质朴、友善，便是我童年生活的底色。

妈妈是林场附近乡村学校的老师，我在三岁时就随着妈妈去学校，她一边教书，一边带着我。

妈妈的学校在一个废弃的生产队队部的旧址上，一圈土院墙围绕着一亩左右的院子，院子的北面有两间砖木结构的泥土房，一间大一点的是教室，另一间小一点的是老师的办公室。学生很少，最多也就二十来个。两名老师教一二三年级，实行初小学制，复式教学。两个老师轮流上课，轮流敲钟。所谓的时钟，不过就是房檐下挂着的一个锈迹斑斑的老式犁铧，老师发号施令一部分就是通过这个犁铧发出的，那独特的响声至今仍然萦绕在我的耳边。

为了方便照看我，妈妈把我安排在教室里听她讲课，看着比我大的孩子们写字读书。同我一样大的学龄前小伙伴还有三四个，也同我一样傻傻地坐在教室里，只是他们今天来，明天不一定来。所以说，妈妈的学校又有点像托儿所，村民把孩子托付给学校也是常有的事。

就这样，我的读书生涯在半游戏半认真中开始了，以至于我都不知道究竟在哪一年，我才真正算作一名正式的小学生。当时，我以为天下的学校都是这样，我们所能看到的就是整个世界。我的童年时光很快平淡无奇地结束了。

也记不清是哪一年，我随父母的工作调动，进入另外一所小学上学。这所学校比当初妈妈所在的那所学校大一点，学生和老师也多了许多，但条件还是很落后。在十几名教师中，民办教师和由民办转正的教师占了学校教师的一半多，正规师范毕业的教师很少被分配到这里来。就这样，我又陪着妈妈在这所小学度过了三年时光。

我的初中是在当地乡镇中学上的。镇上的学校比妈妈所在的学校要好很多，教室在一幢幢楼房里，宽敞明亮，操场在一株株整齐排列的绿化树的荫庇下，平整宽大，有篮球场、乒乓球桌、单双杠等，有近千名学生和近百名老师，这一切都与乡村小学存在天壤之别。踏进中学的瞬间，我第一次觉得，世界真大、真新奇。由于学校离家较远，我开始住校，从此开启了寄宿学习的半独立生活。

刚上中学的我，依然懵懵懂懂，对新的环境有许多新鲜感。随着学习压力慢慢变大，日子再也不像上小学时自由自在。在学习的压力下，原本开朗的我，笑容慢慢消失，渐渐变得沉默寡言。可能是课业带来的压力，也可能是觉得自己应该成熟稳重一点，一段时间后，我逐渐适应了紧张的中学生活。从初中到高中，六年的时间如同白驹过隙，转眼即逝，很快我就到了人生抉择的第一个关口——高考。

记得高考前，爸爸妈妈经常来学校看望我、鼓励我。学校老师用各种办法激励我们做题，每个同学的课桌上都堆放着一摞摞高过头顶的书和各种练习册、考试卷，一进教室，放眼望去，仿佛走进了售楼中心或者某军事要地。在这期间，无论平日里学习认真与否，大家都要装作勤奋努力的样子，埋头于书桌前，向着高考冲刺！

高考是人生长河中必须冲击的关口，它像一种警示，一种提醒，是人生转折的起点。现在回想起来，通过高考，我仿佛从懵懂的少年一步就跨入了青年时代。

凭借自己的努力和不屈不挠的精神，我这个来自大山深处，没有享受过优质教育，基础差、底子薄、天赋也不高的林区孩子顺利考入了陇东学院，走进了高校的大门，站在了人生的又一个起跑线上。

如果说从小学到初中是启蒙之春，高中是激情之夏，那么大学无疑就是收获果实的秋季。只有收获足够多的果实，才能拥有足够的实力，直面进入社会后那漫长的寒冬。

进入大学后，我发现，大学就像一个大熔炉。大学的校园融入了天南地北与社会方圆，其中有来自五湖四海的同学，有形形色色、丰富多彩的活动，构成了独有的校园文化；大学校园融入了中学时代的纯真，更包罗了世间百态、人间万象。无论是社会上常见的琐事俗事，还是学校独有的趣闻轶事，都会时常呈现在你面前，关键就看你怎样去领略与感悟。大学四年，不仅丰富了我的学识，更提升了我的修养，让我进一步学会了与人相处，提高了独立生活的能力。大学四年的学习与生活历练，给了我足够的勇气去直面新的生活。

外面的世界很精彩，外面的世界很无奈。大学毕业后，我被外面纷扰的世界吸引，便与同学结伴南下深圳去找工作。当列车离开黄土高原的一刹那，我既有几分兴奋，又有几分惆怅。兴奋的是我终于可以离开生我养我的故土，去看一看外面精彩的世界；**惆怅的是面对未知的前程，不知道迎接我的是怎样的一种挑战**。

深圳，中国南方经济特区的璀璨明珠，引领科技创新的前沿阵地，谱写着中国改革开放的辉煌篇章。2013 年 7 月 2 日，当我的双脚踩在深圳的土地上时，我被眼前的一切震惊了，真不知道这是人间，还是天堂。这里高楼林立，霓虹闪烁，每一处都展现着这座城市的独特魅力，现代都市的气息扑面而来，让我第一次感受到了现代化城市的繁荣与进步，感受到了科技发展的无限潜力。

面对陌生的人流，流连于大街小巷，看着各式各样的招聘广告，我和同伴血脉偾张，兴奋不已，不由对往后的生活充满了希望。因为我们感觉自己闯入了一个充满着活力与梦想的世界。很快，我们就被招聘到一家电子商务公司上班，主要的工作就是坐在电脑前当客服、接订单。那时，电子商务刚刚起步，订单量不是很多。我们主要是把国外先进的电子产品拿到网上销售，虽然一个月下来，销量不是很高，但利润非常可观。同时，我们逐渐发现，电子商务搞起来挺容易，租一间房子、购置几台电脑就可以开张了，于是我和同伴果断辞职，联手在深圳龙华区租了房子，搞起了电商销售，开始了第一次创业。

我们的创业起步虽然很顺利，但是由于经验不足，供货渠道不畅，经常出现断供现象，加之当年快递远没有今日方便快捷，我们的营业额并不乐观，效益低于预期。就这样，我们艰难地支撑着，勉强度日。这样的情况持续了半年左右。那年冬天，我的父亲多次打电话催我回家，让我参加政府组织的招聘考试。在这种情况下，我告别了同伴，极不情愿地返回了家乡。我走后，我的伙伴一个人留了下来，随着互联网经济的兴起，电子商务得到了前所未有的蓬勃发展，加之他个人的不懈努力，他的事业很快就走出了低谷，兴旺发达了起来。

在深圳短暂的创业生活给我留下了深刻的印象，不仅因为那座城市的美丽与整洁，更因为那里的人们充满了激情与梦想。在深圳，我看到了无数个和我们一样为梦想而奋斗的人。他们虽然来自不同的地方，有着不同的背景，却共同怀揣着对未来的向往。这座城市仿佛有一种魔力，能够吸引并激发人们的潜能，让他们勇敢地追求梦想，不畏艰难，不惧失败。

同时，**我也看到，在这座城市繁华的背后，也有竞争的残酷，每**

个人都在努力地寻找机会，试图在这座城市找到属于自己的位置。这种竞争让我意识到，只有不断提升自己，才能在激烈的竞争中脱颖而出。

回想在深圳的短暂经历，我更加明白，梦想是需要付出行动去实现的。每个人都有潜在的力量，只要敢于追求，就能创造属于自己的精彩。也正是由于在深圳短暂的创业经历，为我的二次南下埋下了伏笔。

2014年，我参加了特岗教师招聘考试，被顺利录取并分配到了家乡一个乡村初中当老师，干起了和妈妈一样的工作。三年中，我还结婚生子，妻子在县城城关镇政府上班。我们的日子平平淡淡，波澜不惊。为了变换工作环境，便于照顾家庭，我试着报名参加了县政府选调工作人员考试，又被成功录取，分配到了县政府发改局工作。

生活在县城，工作又固定，一家人团聚。本以为从此就这样安分守己，认真工作，勤俭持家，平安度日。每天，我除了按时上下班，就是参加各种学习和会议，起草文件，协调有关工作，其余的时间就消耗在电脑桌前。下班回到家里，帮着妻子做饭看孩子，日子过得就像白开水一样平淡而无味。这样的生活总是让人觉得缺少了什么，也越来越让我感到无法形容的压抑和无趣，青春年华仿佛就要在这样平淡无奇的日子里消磨掉了。

妻子在和我结婚前也创过业，而且曾经生意做得风生水起，她现在的公务员工作也是在父母逼迫下考取的，所以，我们两人都对这种压抑的生活感到窒息。终于有一天，妻子告诉我，她要辞职下海去广州，想到外面的世界闯荡一番，并动员我和她一起去。得知妻子的想法后，我陷入了沉思。虽然我也向往南下，但我清楚地知道，体制内的工作虽然无趣和压抑，职业发展受限，所学专业知识得不到充分利用，自由也受到部分限制，人的创新动力和工作激情不足，但是稳定、有保障的收入和其他优厚的待遇，用来养家糊口足矣。

然而，我又想起了在深圳创业的短暂经历，想起了许多下海经商后实现财富自由的人，想象着现在的工作和将来必然的结局，想到这样下去怎样面对将来的自己和长大的子女，这种平淡的生活真的是我们想要的吗？像我们现在这样，何年何月才能实现人生自由呢？这样的人生，我们真的可以接受吗？

与其让生命生锈，不如让生命闪光。生命之灯因为激情而点燃，生命之舟因为拼搏而前行，只要心中有梦，梦想一定能成真！通过几天的思想斗争，我俩终于下定了决心，一起辞职，南下闯荡。

2018年，我们携家带口离开家乡，先后在珠海和广州求职、学习、创业。在此期间，我把学习培训、提升自己列入重要日程，投入了大量的资金和精力，先后学习了企业管理、企业教练、心理学、NLP专业执行师、教练式管理、创业基础、团队建设、蹲马步管理工坊、可复制的领导力等多种培训课程，极大地提升了自己的认知和能力。

2020年9月24日，我受聘于一家化妆品集团公司，做管理培训的工作。良好的工作环境和快节奏的生活与家乡有很大的不同，我充满了激情与活力。

在工作中，我认真履职，利用我所掌握的企业管理知识，有针对性地对管理人员和销售团队进行了较为系统的培训，同时积极参与主持了集团公司企业文化及价值观的建设与宣讲。在培训工作中，我结合实际，大胆创新，将OKR工作法推广到了各个销售团队，促进了公司规范化管理和制度化、科学化建设。在做好培训工作的同时，我还参与了团队建设、管理和服务工作，并兼职带领销售团队开展营销业务。三年来，我服务的公司业绩实现了三连增，2023 年的利润相比 2022 年更是达到了 212%的增长率。

目前，我的工作虽然很辛苦，我的影响力还没有达到预期的效果，但是我觉得过得很充实、很有意义，对未来也充满了信心和希望。只要我坚定信心，永远保持上进求真的心态，不断学习和提升自己，让自己实现一次次的蜕变，我终将实现自己的人生价值。

因为在个人成长的路上，谁不是摸着石头过河，从迷茫到清晰，最终走到更好的路上？

那段时光，那群人

■ 攀哥

终身学习践行者

建筑国企项目负责人

2023年8月24日是小区交付入住的好日子，看到业主们拿着自己的房门钥匙，高高兴兴地办理入住手续，我顿时感觉这一刻值了。激动人心的一幕，看着看着，我的眼眶就湿润了，不禁想起了曾经的点点滴滴……

那是一个住宅项目，地处深圳，项目体量不大，但相对于传统施工法，该项目存在未知的新技术风险，加之场地处处受限，项目人员加入项目团队时年龄偏小，项目管理经验不足，我在接到任务的那一刻，明白不管怎样，事情必须做好，因为工程人都清楚，做一个工程，树一个标杆，交一方朋友。

我清清楚楚地记得，经过前期方方面面的准备，项目终于在2021年3月30日开工了。虽叫作开工，但场地迟迟未能移交给我方。项目业主方或许感受到了来自企业领导的工期压力，还没动工，就召开了一个专题会。这个会，与其叫作专题会，不如叫批斗会。在会议室里，业主方齐刷刷坐了一排，我们这边，我和公司领导一起参会。我们的业主，这个说完了下个说，一个接一个，讨论工期、材料进场、机械安排等等，反正就是各种不满。说得对不对呢？肯定是对的，但是场地没移交，如何开展工作？那是项目刚开始最煎熬的时候，说了一个多小时，作为乙方第一次参会，我只能低着头听着，一个个问题记着。对方终于说完了，当问到我方有没有什么需要处理的问题时，我们就说了场地移交方面的问题。最终，会议决定业主方负责三日内移交场地，我方首层施工必须确保4月20日完工。

面子不是别人给的，面子得靠自己来挣。专题会议过后，公司领导主持召开了项目首次动员会，紧接着项目部内部召开了相应专题会，部署材料、机械、劳务、技术、资料、人力资源、两制、行政办公、安保等方面的工作。好在前期工作已在悄悄进行，业主专题会就像一个助推器，推进了项目进度。就这样，项目建设的序幕拉开了，项目一进场，就进入了冲刺阶段。

材料员联系各种材料的进场；技术负责人和技术员编制各种方案和交底资料；安全主任、安全员以及资料员编制前期各种安全和技术资料；综合管理员进一步完善各种办公设施、后勤设施，管理进场劳务人员的后勤；还有经济部门的预算人员、财务等等也在紧锣密鼓地工作。当然了，工作节奏最快的还要属现场施工部门，因为工期节点必须要得到保证，那段时间是真的忙，恨不得一天当作两天来用。生产经理和施工员负责场地协调、施工协调，每天盯现场，从早上六点多一直忙到晚上十点、十一点。

大家通力合作，你帮我，我帮你，20天后，终于在4月22日完成了第一个小目标，但是比工期节点还是晚了两天，不过原因在于场地移交晚了三天，因此整体上还是完成了节点目标（后来与项目业主熟悉后，才知道他们的节点为4月25日，这样他们就更满意了）。至此，我们打了一个漂亮的翻身仗，赢得了业主方的认可。也正是因为这次超常规锻炼，项目内部加强了横向沟通和纵向沟通，大家劲往一处使，慢慢地更加凝聚、团结。后面陆续也遇到新装备和新技术的应用、有限场地里多单位施工管控、众多大型机械安拆、疫情常态化管控等问题，我们始终迎难而上。

第一个小目标完成后，紧接着工程建设步入了正轨，建设节奏稳定下来。一天，材料员走进我的办公室，忽然提出他要离职，问及原因，他讲道，自己年龄大了，不能正常休息，家里也不能照顾到。我们建筑行业是有这个特点，不管人在哪，都要跟着项目走，项目建设任务完成后，又前往下一个目的地做新项目。忙的时候要加班加点，不能正常作息。我挽留了他，但见他态度很坚决，就反馈给了公司。紧接着，他办理完离职手续就离开了。因为人员调入调出需要一定的时间，人员猝不及防地离开，一定时间内会让部分工作陷入被动。不说离职这种原因，就是平时因为家事，个别人员休假，都会影响项目的正常运转。

我一方面及时与公司沟通人员调入，另一方面因为我们项目一共也就十几名管理人员，各自负责一块，经过这个事情的启发，我觉得相近岗位要实行 A、B 岗位制。随后，在项目内部，形成了做好本职工作、向相近岗位的人学习的氛围。在与项目员工一对一的谈话中，我鼓励大家多学习、多看书，提升个人能力和业务水平，拓宽个人的职业发展道路。到了后来，我们设置了“学习讲堂”，每周定期举行，大家轮流把学到的、用到的知识教给其他人，让大家都体验一下当老师的感觉。**一方面，让员工巩固了知识，走上讲台，战胜恐惧心理，培养演讲能力；另一方面，也让大家学到了新知识**。

记得 2021 年夏天的一个晚上，因为白天手头上的工作未处理完，等忙完回宿舍，已经比较晚了，我正准备走，回头发现办公室的灯竟然还亮着，就走进去看了看。结果出乎我的意料，新材料员正在办公室里学习一级建造师课程，我特意瞅了瞅时间，已经十一点了，就叮嘱他早点休息。后来一直到考试，他都保持着这种状态。功夫不负有心人，当年他一次性高分通过考试，起到了很好的带头作用。或许受此正面影响，在项目建设的第二年，下班后，更多人投入学习中，学习范围也更加广泛。两年多的建设期，新增一级建造师两名、一级造价师一名、研究生一名，这是个人和集体的荣光。每当回想起这一段时光，从一个具体的离职问题出发到最后形成了一个学习上进型的团队，我很开心。关于读书、学习，就像董宇辉说的，运气永远会垂青那些时刻准备好的人，知识就是你的武器，书籍永远都是你的朋友。后来，接触人生蓝图的概念时，我感觉那么熟悉，因为在个人成长的路上，谁不是摸着石头过河，从迷茫到清晰，最终走到更好的路上？

还记得有一次，临近中秋，我看了看节假日值班情况，大部分管理人员因为工程建设的需求，选择了坚守岗位、值班值守，我为兄弟们默默点赞。可是，每逢佳节倍思亲，谁不想回家？看着距离中秋越来越近，我开始思考项目员工节假日想家的问题。不知道哪儿来的灵感，想着想着，忽然有一个想法就频繁出现在脑海中，就是晚上的时候，大家自己动手，各显身手，秀秀厨艺，做上一两个菜，然后一起聚聚。我仔细琢磨了一下，觉得还不错，征求大家的意见后，就决定正式举办这个活动。记得中秋节当天晚上，大家排着队在厨房里做着自己的拿手菜。当然了，也有不会做饭的，就帮忙打打下手，做做准备工作。在忙碌前，管理人员各自和家里报了平安、送了祝福。

有东南西北的人，相应地就有了东南西北的菜。经过两个多小时的准备，大家在项目部的露台上围着饭桌坐下来，开始吃工程人的中秋饭。大家都喝了点酒，一向不喝酒的我也喝了一些。不知道是不是酒的作用，就连一向不爱说话、性格内向的管理人员也和大家熟络起来了。就这样，我们在这个露台上一直聊到吃完饭，从工作聊到家里，欣赏着中秋月，度过了一个别样的中秋节。后来这个传统保留了下来，并做了优化，比如这周是你烧菜，下周是他烧菜，当然了，我烧菜多一些。到了周末，大家自己买菜、自己烧菜，然后一起坐下来，一边吃一边聊。**一方面，舒缓一下飞快的工作节奏；另一方面，促进相互之间的交流，让关系变得更加融洽。**

天下没有不散的筵席，随着工程建设的结束，项目骨干人员得到了不同程度的成长和锻炼，个别人员按照公司的安排，接受更多的挑战，已投入新的项目建设中去，继续发光发热。小区业主入住后，一天晚上，当我再次经过曾经战斗过的地方，看到眼前的万家灯火，不由自主地想到我们工程人的意义，正如我们的企业宗旨："为城市建设服务，为社会大厦添砖加瓦，为百姓安居做贡献。"或许，这就是我们工程人的价值吧。

多年后，但愿你我都记得那段时光、那群人。

谨以此文，献给曾经奋斗过的那群人。

你想要的一切美好事物，都可以由你自己创造出来。

从职场打工人到点亮3000人的生涯规划师

■ 童留

优势教练

生涯规划师

优势同行创始人

企业培训师

累计服务3000多名职场转型创业者

我是童留，是一名优势教练、生涯规划师。3 年前，我开始我人生的第三次创业转型，从一名银行基层管理人员转型为优势教练，帮助了 3000 多位遭遇“瓶颈”的职场人士转型，找回热爱的方向，重新定义了自己的人生。

他们当中，有营收过亿元的上市公司总裁，有 59 岁才追求梦想的银行大叔，有面临被裁员的“深漂”产品经理，有从上市公司退休到支持女性绽放内在美的形象设计师……

看到他们的蜕变，我的内心充满了喜悦。我选择自己喜欢的工作方式，每天工作 3 小时，帮助那些值得帮助的人，一起分享成长的喜悦！

很多人羡慕我 35 岁以后破釜沉舟“裸辞”的勇气，但谁能想到，别人以为的岁月静好，其实是我踩过无数坑后仅存的成果。

复盘我转型的过程，经历了 4 个不同的阶段，这也是我内心不断觉醒、坚持做自己的过程。

听话照做的打工人——面对挫折，迷茫无助

27 岁那年，在银行系统工作了 6 年的我，还是个自卑的职场“小透明”，遇见了生命中的贵人领导，她给了我舞台，告诉我吃亏是福。

我备受鼓舞，仿佛在波澜不惊的职场中看到了希望，于是秉承“客户至上”的原则，对客户提出的各种要求，没有条件就创造条件满足；秉承“吃亏是福”的原则，面对同事甩来的各种“锅”，来者不拒。我以为收起自己的锋芒，听话照做，终究会迎来职场的春天。但是，随着领导的离职，等来的是一次职场政治下有心为之的客诉所

导致的远调，我回到了刚入职时上班的小镇工作。

面对突如其来的变故，他人异样的眼光、父母的担忧、另一半的指责……我害怕极了，陷入了深深的自我怀疑和焦虑之中，整夜整夜睡不着觉。

以打工心态创业——寻找出路，逆境前行

巨大的变故和心理落差使我不得不静下心来重新面对自己：我是谁？我要什么？我的人生之路到底要去往哪里？

这些答案，我不曾思考过，但是现在，我明白，我再也不能靠把自己削尖了、磨圆了去适应别人的舞台，我应该寻找自己的舞台。可是我的舞台在哪里？**如果没有别人提供的舞台，我是否可以给自己搭建舞台**？

为了证明自己，我开始走上了创业之旅，从保险行业到金融行业，再到快速消费品行业，在接下来的 3 年，我把所有的业余时间都用来创业，做过十几个项目，积累了从 0 到 1 的经验。一路踩“坑”，亏过很多钱，结识了很多朋友，也曾被合作伙伴坑、被朋友骗……

很多次，明明看见了曙光，却功亏一篑。好在每一次失败后，我都不曾放弃，每一次离目标更近一点。我不断复盘成功的经验，慢慢形成了自己的方法论，功夫不负有心人，终于在 2019 年，我踩中了微商 3.0 的风口，创建了“魅力 399”和“玛格凯莎”系列品牌，逆风翻盘，取得月入百万元、年入千万元的业绩。

逆境前行，看不到阳光。**虽然过程很痛苦，但是我知道自己成长的脚步不能停**。坚持精进提升自己，我不断地靠近比我优秀的人。

以创业心态打工——认知升级，看见曙光

2020年，疫情来了，我停下奔跑的脚步，放弃运营自己的品牌，投入银行的日常工作中，花更多的时间陪伴家人，复盘自己过去的经历，也重新思考自己的转型方向。

2020年7月的一天，一个偶然的机会，我结识了“优势星球”创始人崔璀，被她提到的优势人生终极梦想吸引。那一刻，我潸然泪下，藏在心底的渴望再次浮上心头。我的人生终极梦想到底是什么？我该如何找到自己热爱的方向，怎么去实现目标？

我开始了向内探索，通过优势测评，我看见了自己具有执行维度优势，喜欢在目标达成的挑战中获得成就感，有很强的引领力，责任心强，喜欢负责，言出必行，自我安全感来自别人的认可。复盘过去的经历，我多次成为单位的业绩标兵，带领团队拿到销售冠军，擅长从0到1，原来这些是我成功的密码，可是我没有用对它们。曾经的我，因为没有终极梦想，像一艘在大海里没有航标的船，尽管性能不错，但注定随波逐流，甚至沦为职场“老好人”。而3年的创业经历最大限度地激发了我不服输的精神，让我拥有了迎难而上的勇气。那一刻，我看见了真实的自己，这不正是我一直以来追求的不确定性中的确定性吗？

我的脑海里有了一个清晰的画面，阳光明媚的下午，一张张洋溢着笑容的脸像花朵一样在我面前绽放，我对自己说：“余生我要尽自己最大的努力，帮助那些曾经和我一样迷茫、看不见自己优势的人，重新看见生命中的光。”

我开始规划自己的时间，安排好本职工作，把自己当作一家公司

来经营，学习教练技术，获得专业的成长，积累助人案例，积累市场口碑，通过教练上岗合作，赢得和“优势星球”等多家平台的合作机会，不断扩大自己的影响力，并陆续通过生涯规划师、心理咨询师、性格测评师等多方认证，为自己积蓄力量。

创造的心态，不被定义的人生——坚持梦想，持续前行

专业能力提升了，也积累了相关经验，获得了来自用户真实的反馈，我的内心又多了一份笃定，接下来该在自己喜欢的领域深耕，去创造属于自己不被定义的人生了。2021 年 8 月，我向单位提交了辞职信，开始创业。

第一步，从社群运营开始，我招募了十几位和我有共同想法的伙伴，组织优势学习社群，帮助大家寻找自己的梦想。在短短的 90 天内，我们帮助 2000 多位伙伴找到了自己的优势，重新规划转型成长之路，获得营收 100 多万元，深度服务跟踪 200 多位学员，帮助其中的 100 多位实现副业变现五位数。

第二步，为了帮助更多的人，我成立了自己的公司，组建助人者公益组织——优势同行社区，并通过提供辅导陪跑，帮助致力于助人事业的伙伴实现了他们的人生梦想。

30 多位学员成为优势教练，

100 多位学员成为天赋解读师，

50 多位学员成为读书教练，

20 多位学员成为心理咨询师，

……

更多的人实现了他们的个性化梦想：从银行职员到芳香疗愈师，从设计师到整理师，从美业老板到身心灵导师，从教培校长到女性成长导师，从国企副总裁到职业生涯规划师……

帮助他们定制个性化成长方案，陪伴他们从 0 到 1，一起面对转型各个阶段的问题，也开启了我的个人 IP 知识付费变现之旅。我先后开设了优势教练面试陪跑、天赋解读、读书变现实战营、个人 IP 优势变现营等课程，累计变现 200 多万元。

第三步，有了阶段性成果后，我继续深耕自己，每年花费 30 多万元，投资自己的大脑。2021 年，去西班牙穆尔西亚大学读应用心理学硕士，提升了自己的专业能力，还不断提升自己的商业思维，靠近厉害的人，如肖厂长、海峰老师、泽宇、晋杭、筝小钱、王不烦、张琦老师等。每一次学习都让我有新的收获，找到新的成长方向。

第四步，不定义自己，跟着自己的内心走，专注于自己的心流体验，顺应优势，不断地挑战自己，保持热爱。生命的每一天都是馈赠，持续以创造的心态做不被定义的自己。

我顺应自己的内心，有了更多的体验，站上了大学的舞台，给即将毕业的大学生们做职业辅导。坚持“读万卷书，不如行万里路”，公司实行弹性工作制度，提出每天有效工作 3 小时，在不同的城市边旅行边办公，还在 37 岁这一年第二次迎接新生命的诞生。

写在后面——送给你三句话

回首这一路，从 27 岁的跌跌撞撞到 37 岁笃定自信的蜕变，我总结出 3 句话。

①**每个人都有属于自己独一无二的天赋和才华。**你只需要找到并

遵循它内在的规律，然后发挥出来。

②**生命的每一天都是馈赠**。每一次经历都是在给我们新的启示，你只需要记住失败是成功之母。

③**你是什么，就会吸引什么**。你想要的一切美好事物，都可以由你自己创造出来。

分享一个我的学员的案例。

WIN来自上海，是我的职场转型私教课学员，也是一名世界500强外企公司的高管。过去10年，她一直凭着自己敏锐的市场洞察力以及热情积极、认真负责的态度，为自己所在的公司创造了很多第一的荣耀。然而，这样的她在进入新的公司以后，陷入职场关系“瓶颈”，完全找不到热情，和同事、下属的关系一度处于冰点，上班如上坟，每天陷入焦虑和迷茫中。加上现在就业环境不好，一旦选择错误，就会面临极大的经济压力，她一度在离职和留下之间进退两难，不知如何抉择。

经过测评，我发现她是一位关系优势者，对职场微环境的要求很高，希望能把身边人都当成朋友，生命成就感源于创造价值，动力源于获得正反馈。通过一段时间的指导，结合她的优势，我帮她找到了转型方向。

①从原来的职场环境中剥离出来，定位为创始人增长咨询师。梳理过去10年的市场增长经验，利用业余时间为中小企业的创始人们提供高价值的咨询服务，积累成功案例。

②顺应自己的优势，创建人际关系情感账号，主动筛选符合自己需求的安全关系，建立反馈闭环。

有了自己的目标，环境也改变了，她很快从焦虑迷茫的状态中走出来，获得了自信，并走上了转型变现之路。她说她的咨询收费超过了 2000 元/小时，来找她的人络绎不绝。

我问她，还想离职吗？还在意同事和领导对自己的看法吗？

她说："教练，记得当初你对我说，如果一个问题的两个选择让你左右为难，说明这个问题的答案已经超出了你的认知。原来我的答案不是选择，而是创造，正如此刻我正在忙着创造我全新的生命体验！"

那一刻，我看见了她眼睛里闪烁的星星，让生命恢复本来的状态，真好！

相比创业者的身份，我更喜欢优势教练这个身份，我是站在你身边的支持者，是你生命中的镜子，带你找到你的盲区。

寻找这样的你——

①正值职场转型或人生瓶颈期，希望寻找改变的契机。

②希望找到自己的优势，实现第二曲线增长，重新规划自己的人生。

③有志于创业，希望根据自己的优势定制属于自己的 IP 变现商业模式。

④追求卓越，和我一样成为一名助人者，帮助更多的人实现价值倍增。

余生，我希望尽我最大的努力，深度联结 1000 多位这样的你，一起创造属于自己的不被定义的人生。当然，这份事业会因为你的加入而变得更加有意义！

往后余生，让我们一起点亮更多的人！

应用AI+PPT能让我们的副业实现质的飞跃，不仅提高了我们的设计效率和质量，还为我们带来了更多的商业机会和收入。

揭秘AI+PPT如何让你的副业起飞

■红果

高级PPT培训及设计师

AI+PPT研发者

微软官方认证的国际MOS设计师

在这个数字化飞速发展的时代，副业已经成为许多人实现财务自由的新途径。而在众多副业选择中，PPT 设计因其广泛的应用场景和相对较低的入门门槛，成为许多人的首选。但是，仅仅掌握 PPT 设计技能可能还不足以让你在激烈的市场竞争中脱颖而出，这时，结合最前沿的 AI 技术，或许能让你的副业变现能力大幅提升。

我与 PPT 设计学习的奇妙邂逅

从欧洲几个国家旅游回来，刚下飞机，我就接到了一个电话。这个电话来自房金老师的小助手，后来我们都叫她小师妹。记得当时我连文本框和插入图形都不会，小师妹手把手地教我操作，我就这样踏上了学习 PPT 的路程。房金老师是我非常崇拜的一位资深 PPT 设计师，所以我拜到房金老师的门下，成为老师的大弟子。可以这么说，房金老师不仅仅是 PPT 设计的高手，更是一位艺术家，他的每一张 PPT 都充满了创意和美感。在他的指导下，我学会了如何运用色彩搭配、版式布局、动画效果等技巧，让每一张幻灯片都像是一件精心雕琢的艺术品。

房金老师总是说："好的 PPT 设计不仅要美观，更重要的是要传达有效的信息。"这句话深深地影响了我。我在设计中，将美观和逻辑二者结合，让枯燥的数据报告变得生动有趣，让商业演示更加打动人心。**随着技能的提升，我的 PPT 设计服务开始受到越来越多客户的认可，副业变现之路也逐渐变得清晰起来。**

我与师同老师在 AI 领域的前沿探索

正当我在 PPT 设计的道路上越走越顺时，我遇到了师同老师。

师同老师是一位AI技术的引领者，他向我展示了AI技术如何改变世界，我被深深吸引，于是开始跟随师同老师学习AI技术，并成为师同老师的得意弟子。

学习AI技术并将其应用于PPT设计，是我近年来职业生涯中的一个重要里程碑。这不仅提高了我的工作效率，还激发了我的创造力，让我在设计领域找到了全新的视角和工具。

我的AI技术学习之旅开始于一些基础课程。这些课程帮助我形成了对AI技术的基本认知，为我后续的应用打下了坚实的基础。随着学习的深入，我开始探索如何将AI技术应用于PPT设计。我发现，AI在PPT设计中的应用主要体现在两个方面：一是利用AI生成设计元素和版式，二是利用AI优化设计和排版过程。

首先，我尝试使用MJ和SD来生成PPT的设计元素，如背景图、图标和插图。通过训练模型来学习不同风格的设计元素，我可以快速生成大量具有统一风格的设计元素，大大提高了设计效率。

其次，我将自然语言处理技术应用于PPT的文本处理中。通过自然语言处理技术，我可以快速提取和分析文本的关键信息，将其转化为视觉化的图表和图形，使内容更加直观易懂。这不仅节省了制作图表的时间，还让我的设计更具说服力。

再次，我还利用AI技术进行智能排版和优化。通过训练模型学习优秀的排版和设计方法，我可以对PPT进行快速自动排版和调整，大大提高了设计效率和质量。同时，AI技术还可以根据内容的重要性和观众的偏好来调整字体、颜色和动画效果，让我的设计更具针对性和吸引力。

通过不断学习和实践，我逐渐掌握了将AI技术应用于PPT设计的方法和技巧。这不仅提高了我的工作效率和设计质量，还让我在设计领域获得了更多灵感。我相信随着 AI 技术的不断发展，它在 PPT 设计中的应用将会越来越广泛，为我们带来更多的便利和可能性。

通过学习，我了解到 AI 可以帮助设计师自动完成一些重复性的工作，比如图片的智能裁剪、颜色的自动匹配等。更令人兴奋的是，AI 还能根据用户的喜好和历史数据，提供个性化的设计建议，极大地提高了工作效率和设计的质量。

AI+PPT：副业变现的双翼

当我将 AI 技术与 PPT 设计结合时，我发现自己的副业变现能力就像装上了一对翅膀。AI 不仅提高了我的设计效率，让我能够在更短的时间内服务更多的客户，而且还提升了设计的质量，让我的作品更加个性化和专业。

我开始尝试使用 AI 工具来辅助我的 PPT 设计工作，例如，使用 AI 图像识别技术快速找到合适的图片素材，使用 AI 色彩搭配工具生成美观的配色方案，甚至使用 AI 文案生成器帮助撰写引人入胜的演讲稿。这些工具不仅节省了大量的时间，还让我的设计服务更加高效和有竞争力。

随着时间的推移，我的副业收入逐渐增加，客户群体也越来越稳定。我发现，AI+PPT 不仅仅是技术的结合，更是一种创新的思维方式。它让我在设计中找到了新的乐趣，也让我在副业变现的道路上走得更远。

在这个充满可能性的时代，AI+PPT 的结合为我们打开了一扇新的大门。通过不断学习和实践，我们可以将自己的副业变现能力提升到一个新的高度。只要我们愿意探索和尝试，就能找到属于自己的一片蓝天。让我们一起展开 AI＋PPT 的翅膀，向着财务自由的目标勇敢飞翔吧！

AI＋PPT 对副业变现起着关键性的作用，因为它们为个人提供了利用自己的技能和知识获得额外收入的途径。以下是利用 AI＋PPT 实现副业变现的几个关键点。

（1）**创造专业级演示文稿**。PPT 是一种广泛使用的演示工具，而 AI 技术可以帮助用户创建专业级的演示文稿。AI 有各种设计模板、图表、图像处理和排版功能，使得用户能够轻松地制作出富有创意的演示文稿。这样的演示文稿能够吸引更多的观众，提升演讲者的影响力。

（2）**提高工作效率**。AI 技术可以自动完成一些烦琐的任务，如排版、图表生成和文本编辑，从而大大提高了制作演示文稿的效率。这使得副业变现更容易实现，因为用户可以在更短的时间内完成更多的工作。

（3）**个性化定制**。AI 技术可以根据用户的需求和喜好进行个性化定制。通过分析用户的数据和偏好，AI 可以生成与用户目标和受众需求相匹配的演示文稿。这种个性化定制有助于提高演示文稿的质量和效果，使其更具吸引力和影响力。

（4）**拓展市场和受众**。AI＋PPT 的组合可以帮助用户拓展自己的市场和受众。通过将演示文稿上传到在线平台或社交媒体，用户可以与全球范围的观众分享自己的作品。这为用户提供了更多机会，吸引更多客户和合作伙伴，进一步扩大副业的影响力和增加收益。

希望看到这篇文章的读者能够和我们一起探索这个新兴领域，AI 和 PPT 的结合为个人提供了一个创新且具有潜力的副业变现方式。通过利用 AI 技术和 PPT 工具，个人可以将自己的技能和知识转化为有价值的产品或服务，从而获得额外的收入。同时，这个领域还相对较新，还有很多机会等待着被发掘和利用。因此，我们鼓励读者积极探索 AI+PPT 的应用，发掘个人潜力，并尝试在副业变现领域取得成功。

自从利用 AI+PPT 后，我的副业经历了翻天覆地的变化，实现了质的飞跃。

首先，AI+PPT 的运用极大地提高了我的设计效率。过去，我花费大量时间在手动设计 PPT 上，每一张幻灯片都需要我精心构思和排版。而现在，通过使用 AI 技术，我可以快速生成各种精美的 PPT 模板，只需要输入相应的文字和数据，就能自动得到一份设计精美的 PPT。这让我有更多的时间思考和策划，提升了我在副业中的竞争力。

其次，AI+PPT 的应用也提高了我的设计质量。AI 可以学习优秀的设计原则和排版规范，对字体、颜色、布局等进行智能优化，使得我的 PPT 更加美观、专业。这不仅提高了客户对我设计的满意度，也让我在副业市场上获得了更多的认可和机会。

再次，AI+PPT 的运用还为我带来了更多的商业机会。由于我能够快速高效地完成设计任务，一些客户开始主动找我合作，我因此得到了更多的项目和机会，副业收入也有了明显的增加。

这一变化给我的生活带来了积极的影响。我不再需要在设计工作中投入大量的时间和精力，有了更多的时间去陪伴家人、朋友和享受生活。同时，随着副业收入的增加，我也有了更大的经济自由度去追求自己的梦想和兴趣。

总的来说，应用 AI＋PPT 能让我们的副业实现质的飞跃，不仅提高了我们的设计效率和质量，还为我们带来了更多的商业机会和收入。这一变化让我们能够更好地平衡工作和生活，为我们未来的发展注入新的动力和提供更多可能性。

我们都有能力去解决自己的问题，去改变我们的生活，去创造我们的未来。

一起散发我们的光芒

■ 邬文君

高校教师

心理健康教育工作者

国家二级心理咨询师

在学校心理健康中心的咨询室里，我遇到过与父母沟通困难、对学习和周围事物失去兴趣、想休学的学生。刚入学不久的新生们在做完心理测评后，我给部分学生做心理访谈的时候，也遇到了不少说自己很迷茫的学生。看到他们，我仿佛看到一个个曾经的自己。你是否也常常害怕接纳自己，担心这会变成一种放纵？是否越想改变自己，越觉得困难重重？面对问题时，是否总是渴望快速解决？或许学习、生活和工作并没有大问题，你却总是缺乏动力？你可能是那个总是帮助别人解决问题的人，但在某些深夜，你是否也会被情绪吞噬，却无人倾诉？你或许觉得自己没有取得成功，只是因为没有付出足够的努力。你一直在做着“正确”的事，却面临冲突和停滞。害怕没有朋友、没有伴侣，要处理一段让自己不舒服的关系。你可能会试图改变对方，寻找一个人来帮忙解决自己的问题，结果情绪没有得到疏导，事情和人也走向了你不希望的方向。

也许，你愿意听听我的故事。

我出生的城市是一座历史悠久的文化名城，以《岳阳楼记》和岳阳楼闻名天下。还记得外公偶尔讲起过去的故事，讲他经历过的战争时期、参与的扫盲工作，印象深刻的还有祖上最有名的桦湖文派的创始人吴敏树，那位曾收藏过《岳阳楼记》雕屏的中国近代散文家的故事。

我从小就挺爱看书。只要想买书，爸爸妈妈都毫不犹豫地支持我。小时候我应该也算“别人家的孩子”吧，受到表扬、夸赞的次数还挺多。但是即使成绩名列前茅，我也曾经绝望、迷失方向，产生过厌学、离家出走的念头。在上省示范高中时，我的成绩下滑严重，高考成绩的不理想更是给我带来了长期的困扰和痛苦。

记得上大学时，俞敏洪老师来了我的大学做讲座。当时，我离俞敏洪老师很近，从那以后也常常听到新东方诸多名师的故事，我还去参加过徐小平老师的新书签售活动。现在回想起来，遇到的这些老师是在用生命点亮生命，让我一次次从停滞、徘徊、无力的状态调整到整装再出发。

现在的我是一名高校老师，已经在校任教超过 12 年。我喜欢体验新鲜事物，我也会尝试各种学习、培训，也考了一些证，比如英语导游资格证、育婴师考评员证等。

2017 年，我了解了心理咨询师这个职业，决定报名学习。一个人去长沙参加考试，最终通过考试，拿到了国家二级心理咨询师证。那时，我隐隐约约地觉得通过心理学的学习和应用，可以帮助自己疏导不良情绪，也可以帮助更多的人走出困境、找到自我。在过去的几年中，我一直关注与心理学相关的课程、书籍、文章、影视剧等。我教授过“大学生心理健康教育”课程，在学校心理健康中心值班，给学生做心理咨询，入驻心理咨询 App，在线上做咨询。我看到过来访者们的困扰和痛苦，也看到了他们在我的帮助下逐渐走出困境。

在我咨询的过程中，我感受到对方往往能够自然而然地敞开心扉，倾诉自己的困境、过往或原生家庭的问题。我见过他们的眼泪，感受到他们需要帮助，也为自己能够帮助他们感到欣慰。

2023 年，刚生完小女儿的我，依然坚持完成古典老师个人发展共读会的线上 28 天卡片成文营。在 7 月报名了共读会的第三届共读大使影响力大赛，没想到一路坚持，获得了冠军。这是我印象中，除了小学时获得全市小学生作文比赛一等奖之后，久违的一个第一名。之后，我还报名并成功加入了古典老师新书的创作意见团，加入了古典老师带领的超级个体 IP 营第 2 期，完成了学习、摆摊、路演、发售产品，并售卖成功。我想，多年前那个看古典老师《拆掉思维里的墙》的我，终于摆脱了好像一直在等待什么的老样子。这段时间的忙碌，忽然让我想起古典老师的妈妈在《典典——重要的是给孩子很多很多爱》一书中写她工作、结婚、生完典典之后，还在电大学习，追寻自己的梦想。那时的典典才几个月大，她忙得头昏脑涨，和我现在的情况好像啊。

也同样是在2023年，爸妈多次住院，爸爸还做了心脏的手术，爷爷和外公相继离开人世，人生的无常更让我想把生命投入唤醒生命的热情当中。古典老师说过，如果你有一个梦想，你至少要为它做些什么。

我继续抓紧宝贵的碎片时间，学习完了“AI时代的家庭教育”“小学生家长必修课”，还学习了几位知名心理学老师关于亲密关系、心理学通识、家庭关系的课程。

我想，如果我能更早地了解心理学，如果我能够早点知道可以寻找心理咨询师为我提供帮助，我或许不会停在原地那么久，我能更早地找到自我，散发出自己的光芒。如果能早一点行动起来，找到适合自己的方向，人生会有多少更有趣的事情发生啊！

这些经历让我深知，在成长的过程中，每个人都可能遇到困难和挫折，而如何帮助他们找到适合自己的道路，是我的使命。

在我超过12年的教师生涯中，我累计教过的学生超过6000人。我深知每一个学生都是独一无二的个体，他们有着各自的特点和困扰。我也明白作为教师，我的任务不仅仅是传授知识，更重要的是引导他们找到自己的兴趣和热情，激发他们的潜能，帮助他们成长为独立自信的个体。每个孩子都有他们独特的故事，我理解他们内心的挣扎和痛苦。**我希望帮助更多学生找到学习的动力和乐趣，引导他们走**

出困境，找到属于自己的道路。

我相信每个学生都有解决问题的能力。当他们面临困难和挑战时，他们需要的不是批评和打击，而是有人能帮助他们发现并利用他们自身的资源和能力，以便找到解决问题的办法。这就是我想做的——成为那个陪伴他们走过困难时期的人，引导他们走向光明的未来。

比如，现在有不少厌学的学生，他们往往因为无法应对和处理学习压力、人际关系、家庭矛盾等多方面的问题而陷入困境，他们需要的是理解、支持和引导，而我希望成为他们的朋友、导师和支持者，我会倾听他们的故事，理解他们的困扰和痛苦，帮助他们找到解决问题的方法。我也希望通过我的故事和经验给那些正在经历困难的学生带来希望和鼓励，让他们看到即使在困境中，也有能力找到解决问题的方法，即使经历过挫折和失败，也有能力重新站起来，继续追求自己的梦想。

每个学生都有自己的故事。每个故事都值得被听到、被理解、被尊重。每个个体都有自己的独特之处。我们都有能力去解决自己的问题，去改变我们的生活，去创造我们的未来。让我们倾听内心的声音，寻找心理卡点，化解内心的矛盾，迈出重要的每一步。

德鲁克曾经问过一个问题，你最希望别人记住你什么？我想，我希望别人记住的是我是一位能够帮助他人的人。我曾参与了小马君组织的育儿书义卖建图书馆活动，历经1年多，1000多人次接力支持，我终于远程见证了蒲公英儿童图书馆在山东省济南市商河县殷巷镇王楼村王楼小学落地建成的时刻。在支付宝和微信上参与公益活动，也变成了我的习惯。看到那句“亲爱的文君，你已累计帮助281人，感谢你让世界更美好”的时候，我心中充满了欣慰和暖意。

我曾读到一段文字，它瞬间触动了我的内心，贴切地表达了我的感受。我写出我自己的版本：我来到这个世界的目的是陪伴和支持他人，帮助那些想要了解自己，探索自己的愿景、使命以及生命意义的人，指引他们找到自我实现的方向，活成他们自己想要的样子，达到自洽、自在、欢喜、充满正能量的生命状态。当我能够支持他人实现他们的理想，践行他们的使命，以更加欢喜、充满正能量的生命状态为他人和社会创造更大的价值时，我会由衷地感到骄傲和欣慰，我的内心会因此感到无比的喜悦。

也许有不少人会问：如何才能拥有更加美好的人生呢？为了过上更有价值的人生，我深入思考、不断体验，并积累宝贵的经验。通过勇敢地挑战自我、不断探索和发现自己的潜力和无限可能性，我能更好地认识自己、理解自己。我坚定地热爱自己所做的事情，并不断地努力和奋斗，以打破自己的局限和边界，实现自己的梦想和目标。

我曾羡慕那些擅长乐器的人，他们能够通过乐器表达内心的情感。我曾羡慕那些绘画天才，他们可以用画笔创造美丽的作品。然而，我逐渐意识到，我一直保持阅读的习惯，坚持书写我心中的思绪，这何尝不是一种幸运和幸福？**在这个充满变化和不确定性的时代，坚持输入优质内容，并持续通过书写来输出自己的思考和感悟，再通过一步一步的行动来实践，这会让我们的人生拥有无限的可能性**。当我们专注于塑造自己的人生，关注梦想和我们所拥有的东西，相信我们都可以创造一个更美好的未来，并为世界贡献自己的力量。

在不确定的未来找到一个确定的出口，是应对变化的最优解。

在前行中遇见自己，预见未来

■ 于男

国家高级企业培训师

沉浸式剧本杀促动培训师

DISC 国际双证班认证讲师

没有谁的一生是顺遂的，总有各种关卡要过，总要面对各种变化。在不确定的未来找到一个确定的出口，是应对变化的最优解。在我职业生涯的道路上，每一次转折和蜕变都让我明白，机会是留给有勇气的人的，成长是留给有准备的人的。

三十岁前，我得过且过，平凡而普通。

从有记忆开始，我就明白自己和别的小朋友不同，我不能随便蹦蹦跳跳，也不能参加体育活动，因为我心脏不好，时常会因为剧烈的运动或者跑跳而晕倒。爸爸妈妈因为工作，不能陪在我身边，我是在外婆和姨妈身边长大的。最害怕别人问我妈妈和姨妈谁好，喜欢外婆家还是想回自己家，因为无论怎么回答，都会有一方伤心。时间久了，我从一个活泼话多的小孩变成了一个自卑、敏感、逃避的孩子，最喜欢躲在角落里，这样就可以躲开那些喜欢问我问题的人。实在躲不过，我就会攻击别人。等到上学时，我喜欢掐准时间到校，不出错，不犯错，不被关注，所以学霸不是我，学渣也不是我，我就是那种“小透明”，无论怎么努力，永远都在中间位置。

工作后，我逃离家乡，来到广州并入职一家代理法国品牌的公司，岗位是商务部人事文员。大家都来自五湖四海，自身边界感强，领导随和包容，同事相处简单，一身轻松。当然因为性格使然，我依然是“小透明”。按部就班地完成任务，不冒进，不表现，从不表达自己的观点，坐在角落里，安于现状，不敢挑战未知，但也常常觉得压抑。工作一年半之后，觉得这辈子可能也就这样了的时候，命运的指针稍微发生了一点点偏移：公司人事调整，我换了上司。新上司重视员工能力培养，让每个人都要有价值体现，所以让原本负责人事档案、文件、报表统计等琐事的我转岗负责员工培训，开始负责新入职员工的企业文化和岗前职业素养培训，从幕后走向讲台，这让我有些不知所措。对于一个进入职场就几乎封印嘴巴的人来说，这实在是巨大的挑战。在我想着怎么找个借口推脱的时候，新领导找我谈话，意思委婉而明确，进公司后，我一直定位模糊，没有实际成绩。如果这次转岗，我还是“小透明”，那么下次岗位技能综合评定时，我一定得不到认可，这意味着我随时可能会被裁员，领导让我考虑一下，接受安排。可能是从小最怕别人让我做选择，也可能是每次面对选择就会本能地想逃避或者想攻击，这一次我即便知道不是自己擅长的，也选择接受新工作。因为我不想被裁员，要走也得是我自己的选择，于是我开始在新的领域摸索前行。

站上讲台一段时间之后，学员对我的评价是我很有亲和力、表达清晰。这给了我十足的信心，于是我一改之前按部就班的工作态度，前所未有地认真起来。我发现前来培训的员工不仅仅有刚入职的新人，还有一些思想上有波动、想要得到提升或者学习更多技能的老员工，我心里冒出了一个大胆的想法：当前的常规培训已经不适合所有人，是不是可以尝试培训改革呢？让不同的群体都有适合自己当前阶段的培训内容。想法冒出来就再也按不下去了，我开始收集过往培训过的员工的培训需求，按照员工的入职时间、年龄层次以及岗位要求进行差异化分类，根据不同的需求建立培训档案，之后编写培训需求调研问卷并在全国经销商范围内进行调研。经过一个月的信息收集以及整理，我编写了员工培训计划以及可执行的培训课题，并且制定了培训制度和复盘考核标准，在学员中小范围地进行内测后，将培训的结果进行复盘，确定不同岗位的培训方向及未来的培训模式。没想到这样一个小小的举动引起了集团公司分管服务营销的领导的重视，他将我调到营销部门，负责全国经销商的人员培训以及服务技能提升，并在全国经销商大会上进行宣布。之后，我的工作开始异常忙碌，全国出差，一年培训超过两百场，帮助经销商团队做团队人才发展计划以及服务营销培训，成功将经销商的业绩提升了25%，创历史新高，甚至在全国的经销商会议上做千人分享，这是我自小学之后的第二次高光时刻。我无比激动，没想到我竟然在培训领域发光发热，我开始重新认识自己。就在我大刀阔斧准备建立培训商学院，为公司人才发展做储备的时候，我的领导调回香港，我再次迎来新领导，工作三年，换了四个领导，同事调侃我是“铁打的小兵，流水的将领”。这个领导的风格让我不太适应，她性格强势，不允许反驳，她视加班为常态化工作，并且她的关注点从培训领域转向商务沟通。我的很多计划都被否定，渐渐地，我开始陷入迷茫。可我内心深处依然有一种渴望，希望我的提议可以得到领导的认可，让我有机会带着培训团队去获取更多的知识，走向更广阔的世界。我在连续加班超过一个月后的年中工作汇报中，被领导再次否定建立培训商学院的计划，于是做出了人生的第一个重要决定：裸辞，去见见世面。

由于在公司曾经做出过不错的成绩，很多我服务过的经销商开始主动联系我，想让我帮他们定制培训计划。无意中，我竟然开启了另外一种培训模式，开始做针对服务营销的定制培训方案和落地执行，帮助很多经销商做客户经营分析和业绩提升。就这样，我误打误撞地开始了自由讲师的职业生涯，一做就是十年。可之前的经验并不能支撑我走多远，于是我开始到处学习，报各种课程，借鉴更多老师的成功经验。在诸多老师中，有一位老师对我的影响非常大。

2018年是我职业生涯的第二个十年的开篇之年，我报名参加了DISC国际双证班，第一次见到了李海峰老师，他是一位极具洞察力和智慧的人；更是第一次体验这个双证班区别于其他认证班的培训模式，看到现场精心准备的各种礼物，体验没有任何商业氛围的讲授模式以及课后二十一天的翻转课堂，双证班要求每个人都在完成认证后的半年时间内赚回学费。真正印证了那句话："阅人无数，不如名师指路。"李海峰老师丰富的知识、温暖的笑容以及掷地有声的观点让我眼前一亮，是时候跳出舒适区、尝试新的方向、挑战自我了。带着要赚回学费的想法，我在认证班结束后的第一个月内开始蓄力，并在第二个月就赚回了学费。海峰老师说任何事情都有四种解决方法，我开始不断尝试各种讲授模式以及迭代内容，试图找到适合自己的风格。在这个过程中，我逐渐发现前十年的培训生涯不能算真正意义上的培训，它只是一种被推着向前走所形成的行为风格。因为在过去的十年中，我始终认为自己并不适合做培训行业，自卑、敏感、被动常常让我陷入纠结和自我怀疑中。**直到遇见 DISC，遇见海峰老师，我才真正明白其实不是自己不适合培训，而是没有找到恰当的方式来呈现，更没有读懂自己**。于是我开始试着用 DISC 的四种特质去分析客户和学员的需求，针对不同行为风格的学员，采用不同的话术和相处方式，不断告诫自己要用对方习惯的方式去沟通，而不是用自己熟悉的方式。渐渐地，我开始感受到自己的成长和变化，也越来越自如地运用 DISC 去对待身边的人。不知不觉，加入 DISC 社群也六年了，从最开始测评的高 S 到最近一次测评的高 CS，我逐渐从一个没有主见、随波逐流的"小透明"变成了一个有逻辑、有要求、更严谨的专业培训讲师，不断用行为影响行为，换来了这六年来每一次服务营销的培训都能赢得客户的认可。**所以并不是自己不行，而是没找到恰当的方式。只要找到恰当的方式，每一次挑战都会让我认识到自己的潜力是无限的，只要我愿意去探索和学习。**

学会正视自己的不足，不断修正自己的短板。如今，我已经不再是那个沉默的、普通的"小透明"，我变得充满热情和活力，对生活和学习都充满了热爱。我开始敢设定目标，有了梦想，勇敢地面对未知的挑战。**我知道，只有这样，我才能真正成长，成为我想成为的人。**

2023年，我职业生涯的第十五年，我再一次给自己设定了目标：走出舒适区，进一步升级服务营销体系的方法论，让更多人看见我、认识我，形成自己的IP。这又是一条全新的路，我不知道会遇见什么样的考验，但我知道，无论面对什么样的考验，我都有信心去征服它，因为我遇见了自己并且提升了自己，那一定也可以预见更好的未来。

回顾每一段人生经历，就是一个选择接着另一个选择，你的人生就是你自己选择的结果。

人生就是一次次的选择

■ 于启磊

DISC 国际双证班认证讲师

“全面运营管理”沙盘课程讲师

有 20 年体验式培训经验

山东思勤教育咨询有限公司创始人

大家好，我是于启磊，在体验式培训领域耕耘了 20 年。大家也可以叫我石头，因为我一直秉承的理念就是要让自己成为他人成长路上的一块铺路石，这样我的人生也就有了价值。

提笔写这篇文章的时候，我的脑海中就闪现出自己几段人生经历，和您分享一下。

享受假期 or 体验生活

在我小学毕业后的那个暑假，作为在农村长大的孩子，我很难想象假期像现在的孩子一样，都在旅游和辅导班中度过，那个年代的孩子不仅要完成自己的暑假作业，还要帮父母干一些力所能及的农活。当时的我就萌生了可以做些什么来更好地帮助家里的想法。

恰巧在老家附近有个国企——金岭铁矿，当时的国企基本就是一个小社会，除了有自己的主业外，学校、医院以及福利工厂都有。矿厂里面有一个冰糕厂，仅生产一款产品——红糖冰糕。暑假期间，天气这么炎热，自己能做的事情是什么呢？卖冰糕。这个想法冒出来后，我和父母商量了一下，他们虽然有些担心，但还是同意了。找二哥帮我打造了一个卖冰糕的木箱子，表面刷上白色的油漆，再用红色的油漆端正地写上“冰糕”二字，里面放上棉被，固定在自行车的后座上，一个可以移动的冰糕售卖车就做好了。当时一支红糖冰糕的批发价格是 8 分钱，零售可以卖到 2 角钱。利润空间是有的，就看去哪里卖了。那会儿能想到的地方就是收割完麦子、刚种上玉米的田地，还有就是周边的砖窑、集市，在这些地方劳作的人们都顶着太阳干活，最需要解暑。当然，这样的天气，我自己也要晒太阳，小脸被晒得黢黑。最有成就感的时候就是冰糕卖完数钱的时候。不过，也有最担心的时候，那就是上午天还好好的，下午就变天了，木箱单纯靠棉被保温还是不够的，卖不出去的冰糕会融化掉，那样就亏了。这时候，我就跑到砖窑这样的地方，找到那些工人，降价卖给他们，至少还可以保本。

经过 40 天的努力和辛苦付出，最终盘点一个假期的成果时，除去爸妈给的本钱，居然有 42.7 元的收入，这就是我赚到的人生第一桶金了。上初一的学费是 85 元，自己赚了一半，这件事让父母很欣慰，也很心疼。虽然过去了很多年，这个场景却一直留在了我的记忆里，这大概就是我销售意识的启蒙吧。

继续工作 or 重返校园

1994 年，经过 3 年的初中学习，我考入了山东财政学校（中专）会计电算化专业。一个班 40 个人，都来自农村。在班主任陈老师的带领下，我认识到这样的学历仅仅是起步，但那个年代的父辈们想的就是怎样让孩子早点毕业参加工作。陈老师引导我们在完成中专学业的同时，准备好大专的入学考试，因此，在中专三年级的时候，我同时开始了大专一年级的函授学习，在 1997 年中专毕业一年后，大专也顺利毕业了。但这个时候的自己还是有些不甘心，总觉得没有真正地进入象牙塔，人生有些遗憾。

从 1997 年参加工作以来，自己没有放下学习，利用业余时间，在 2001 年拿到了中级会计师的职称证书。转眼就来到了 2002 年，此时的自己已经工作 5 年，24 岁了。继续留在工厂工作，实在看不到希望，去上学深造又面临很多现实的问题。究竟该如何取舍，自己很纠结。但是愿望越来越强烈，我还是要到真正的大学里面去学习，一定要让自己去浸染一下。

功夫不负有心人。通过复习，我参加了专升本的考试，拿到了山东财政学院的本科录取通知书。但此时新的困难又摆在了自己的面前，全脱产学习，学费、生活费从哪里来？不能拖累父母了，我只能边工作边学习，自己供自己读书。幸运的是，在考完试到出成绩的这段时间，我被这样的一则招聘启事吸引了——“在青山绿水间，迎着朝阳开始一天的工作。”这是一份什么样的工作呢？经过初次面试，接到复试电话时，我被激发了强烈的好奇心。我被通知要带上泳装去参加复试，能想象吗？这份工作是要考核游泳吗？各种疑问让我想要去探个究竟。来到鲁中驾校商家训练基地后，才得知带泳装是参加一个清晨跳水的活动。穿好救生衣，站在一块探出湖岸 1.5 米长、距离湖面 1 米高、宽度仅 30 厘米的木板上，垂直跳入 4 米深的湖水中，这是一件多么恐怖的事情啊！关键是我还不会游泳。这个项目也是最初拓展训练中必须体验的项目之一。

在短短两天时间里，参加复试的 13 个人，一起参加了背摔、天梯、孤岛、电网、断桥、集体求生等经典的拓展训练项目。从最初的陌生到熟悉，再到相互了解，直到最后分手时的挥泪告别，这样的体验深深地影响了我，这不就是自己当下面临的处境吗？我喜欢这样的工作，这也是我培训师生涯的开始。

现在看来，公司做这样的安排，就是最早的情境面试。既让面试者充分体验了产品，又让招聘方在场景中充分了解了面试者，从而发现面试者身上的特点和不足，以及和工作岗位的匹配程度，一举两得。最终，包括我在内的 3 人顺利入职。我们 3 个都在这个行业中工作了 12 年以上，这是后话了。经过 2 个月的岗前封闭训练和培训，我成为当时山东拓展训练学校第一个通过考核的上岗培训师，这也为日后可以周一到周五在大学里学习、周六周日带班奠定了经济基础。

济南 or 青岛

2 年的大学生活很快就结束了，自己也面临着新的工作方向的选择。一是去服务过的浪潮集团，做自己学习了很多年的财务专业对口的工作；二是继续做培训师工作。培训学校的领导知道了这个情况后，就找我去青岛谈话，问我的想法和选择。经过权衡，我最终选择留在了济南办事处，但是岗位要从项目经理做起，也就是培训的销售工作。

面对新的挑战，好在此时的自己对于产品（拓展训练）很熟悉，所以很快就上手了。自己下手也是很狠的，咬牙配置了笔记本电脑，这样便于把那些单靠语言说不清楚的体验活动，用照片和视频在客户面前现场展示，很快就打开了局面。刚工作了半年，我就获得了年底去港澳旅游的奖励。由于自己的业绩比较突出，在济南工作的第 2 年就全面接手济南办事处的管理工作。通过招聘培训新人，积极开展和媒体的合作，再加上学校给予的业务上的指导，办事处提升了在济南市场的影响力，业绩排在了山东 4 个办事处的第 2 名。在第 3 年的时候，我带领的济南办事处就成为 4 个办事处中最强的，人员充足，每个人都能扛起自己的职责和完成业绩指标。此时，青岛办事处的负责人面临着变动，领导就再次找我沟通，问我是否愿意接手青岛办事处的工作。起初自己是有些犹豫的，一个是经过 3 年的打拼，济南市场到了收获季节；一个是陌生的环境，一切要从 0 开始的青岛市场。

青岛相比济南，更加开放，更有前景，我该如何选择？通过和爱人沟通，最终我选择了新的挑战，接受了青岛办事处的任职。2007

年3月5日，我开始在青岛这个城市打拼。在青岛，我服务了海尔集团、海信集团、青岛啤酒、澳柯玛、新希望六和等一批青岛知名的优秀企业，认识了更多的新朋友，也得到了更多的成长和锻炼。

2009年，我经历了团队的第一次考验。当时总部面临并购的问题，也波及了我们基层的办事处。办事处的6人团队，4人离职，就剩我和助理两个人，离开的人也变成了同行业的竞争对手，办事处陷入了更大的困境。后来得到领导的支持，通过反思，我迅速调整思路，走访老客户，重新招聘人员交给总部培训。经过培训部的培训，年底的业绩比之前的6人团队完成得还要好。**一支新的团队又慢慢地成长起来，成为当地拓展训练行业响当当的品牌。**

拓展训练 or 沙盘模拟

一晃来到青岛7年了，在老东家也工作12年了，此时的自己再次面临选择。怎样才能让自己发挥更大的价值，服务好更多的客户呢？经过几个失眠的夜晚，在与合伙人进行充分的沟通之后，我踏上了创业之路，这年我36岁。具体做什么，还是做原来自己最熟悉的拓展训练吗？若是做这个，当然是轻车熟路，最容易上手，不过也面临着竞争激烈、利润率持续下降的现实。若是开设室内管理课程，客户对自己的认知需要重新定位，课程的学习与推广也会更有挑战。怎样把它与自己所学的会计专业结合起来，又能用上体验式培训多年积累的经验？我们最终定位于企业运营管理的沙盘课程。

企业运营管理沙盘课程是用一张沙盘浓缩经营核心要素，极其逼真地模拟市场的状况、融资环境以及企业运营决策的全流程，具有鲜明、直观的视觉效果。学员在上课时，通过制定竞争策略、市场竞标、模拟演练、讲师讲解、复盘反思等，充分了解公司各决策过程及经营运作流程，通过结算当年运营盈亏并制作财务报表，深刻理解财务报表背后的意义及企业资金运转的全过程，掌握企业经营的本质。

在客户的信任和支持下，我给新希望六和的总经理培训班共上了11次课，连续2年帮助海信集团进行“登峰计划”高潜人员240人的储备选拔。记得一次课程结束后，海信江门公司的一位销售人员过来和我分享，说他回去要做的第一件事情就是向财务部门的同事道歉，他原以为财务就是整天坐在办公室里，啥事不干，瞎指挥。通过体验，真的感受到一分钱难倒英雄汉，财务真的太重要了。新希望六和的一位总经理也说，我们都是从某一个岗位上成长起来的，即使做了总经理，也难免习惯从自己熟悉的领域出发去思考问题。**通过沙盘的体验，我更加全面地了解了运营以及各个岗位的重要性，更明确了经营中需要关注的具体指标，真的获益匪浅**。听到来自学员的反馈及客户的认可，自己也获得了极大的成就感。

继续观望 or 贵友联盟

和海峰老师相识于2007年的元旦。在上海为期3天的DISC课程给了我极大的震撼，也让我有机会更深刻地了解自己，并助力自己后来的发展。7年来，在海峰老师和社群的影响下，我受益颇丰，不仅认识了众多优秀的学长学姐，也开阔了眼界，增长了才干，和更多的人分享自己的所学。2023年12月4日晚上，第二次听完海峰老师的“做个好人——世界和我爱着你”的分享后，我就决定不再犹豫和观望，加入贵友联盟，去广州再次跟随海峰老师学习。感谢聪聪老师和家进老师的帮助，我赶上了这班车，相信这次的选择一定又是自己人生新旅程的开始，期待更多未知的发生。

回顾每一段人生经历，就是一个选择接着另一个选择，你的人生就是你自己选择的结果。当你每次都选择一条相对难走的路时，都会有新的成长和改变，收获更多人生的不同。走过的每一步都算数，每一天都不要虚度。感恩人生路上遇到的每一个人，也期待听到您的故事，让我们一起变得更好！

陪伴是最长情的告白，感恩身边陪伴的爱人、父母、兄弟姐妹、亲朋好友、上级、下属。

陪伴是最长情的告白

■ 虞伽人

文化 IP 操盘手

中医养生调理师

陪伴女儿、通过汉服创业成长的宝妈

前几天，我妈就问我今年过阳历生日还是过农历生日，还特别告诉我阳历生日和农历生日的具体时间。

生日是妈妈的苦难日！生日也是我生命的反思日。

“世上只有妈妈好，有妈的孩子像块宝。”不管年龄多大，在妈妈的眼里，我都是她的宝。妈妈的爱就是平时的一句提醒、一句叮咛，这是多么幸福的感觉！特别是我组建了家庭，生了女儿，才深刻理解了一个女人成为妈妈是多么的不容易。

记得2012年初，我很幸运地接触了传统文化经典，有枯木逢春的感觉。**那个时候，我就学以致用，把传统文化用于创业平台，服务创业者；用于创业课，引领学生创业**。

从2016年起，我开始深入学习传统文化，并慢慢将经典生活化，将生活经典化。

《弟子规》有360句，1080个字，全书以通俗的文字、三字韵的形式阐述了学习的重要性、做人的道理以及待人接物的礼貌常识等等，可以作为我们日常生活中为人处事的参考。

例如，**孝顺父母**，我们应该做到：**“父母呼，应勿缓。父母命，行勿懒。父母教，须敬听；父母责，须顺承。”**意思是，父母呼唤自己，应及时应答，不要故意拖延；父母交代的事情，要立即起身去做，不要偷懒；父母教诲自己，态度应该恭敬，并仔细聆听父母的话；父母批评和责备自己，态度应该恭顺，不能当面顶撞。

父母是对孩子言传身教的第一任老师，家是孩子第一个学习与人相处的练兵场，父母是教育孩子的第一责任人。

成年人如果没有学习怎么做父母，就当了父母，有可能会出现问题。

出现问题不要慌，人生就是一场修行。修什么？修的就是念，念头的念，我们每天都会有数不清的念头出现，而这些需要用觉来修，觉是觉悟、觉醒。主体是真实的我，修自己内在一切的不舒服，一代禅师六祖指出，不舒服就是妄念；而人与人相处，如果别人不按照你的方式行事，别人的违逆让你觉得不舒服，这种感觉是嗔。

人本性具足，要去除贪嗔痴慢疑，就需要修断烦恼的经验。

父母和孩子是累生累世的缘分，孩子不是来讨债，就是来还债的，没有债不会来。而修断烦恼，是指修个人内在的不舒服的部分，而不是断了父母的缘分。

如今我步入中年，回想修行的10多年，我成为传统文化、公益和商业三者结合的职业传道人，虽然中间有不少起起伏伏、坎坎坷坷，但很庆幸身边有很多贵人相助，我没有迷失方向，一直在修行的正确道路上。

女人的路，是修福路，走好坤道。从母胎开始，母胎如宫殿，金碧辉煌的宫殿之光照耀着女儿的坤道，安神宁气，安身立命，带着本性自足的觉悟，游历大好河山。遇到的所有人和事，都是来提醒自己觉醒的。

女人不怕，生命的充盈来自性格、品德的修习。摔倒了也不怕，拍拍尘土，继续上路，美好的风景都在路上。

陪伴是最长情的告白，感恩身边陪伴的爱人、父母、兄弟姐妹、亲朋好友、上级、下属。时间是人生最宝贵的礼物，要有感恩的心，接纳万事万物的洗礼，与天地合其德，与日月合其明，与四时合其序！

以文字入道，笔酣墨饱，清音幽韵，字字如玉，不管是生我的人，还是我生的人，我都将长久陪伴，愿真情永在！

很多时候不能坚持，就要问一下自己是否真的热爱，因为只有喜欢甚至热爱，你才能在遇到困难的时候坚持下来。

因为热爱 PPT，我找到了人生的方向

■ 安宁

8 年专注于 PPT 领域，服务过美团、中石化、今麦郎等多家大型企业

为 3000 多名线上、线下学员培训过 PPT

坚持中医护眼，裸眼视力从 0.4 提高到 0.8

你好，我是安宁，是一位 1997 年毕业的大学生，学的是经济信息管理专业，也就是统计学。通过这篇文章，我想与你分享我的个人成长故事。

从工厂工人到产品经理，我 20 多年的职业之旅

人的成长是一个螺旋向上的过程，不跨出去，你都不知道你能走多远。

1997 年毕业后，大部分同学去了银行等企业上班，而我作为一个没有任何背景的女孩，跑去深圳的一个工厂工作。还记得当时试用期的工资是 600 元，睡在工厂饭堂的 2 楼，晚上会有很多老鼠跑来跑去。我很害怕，但也没办法，大晚上的没有地方去，于是就学猫叫，边叫就边睡着了。现在想起来，我居然坚持没走，还继续留下来工作，真是佩服自己的勇气。

在深圳工作 3 个月后，我的工资就破例涨到了 1000 多元（具体数字不记得了）。当时大家都是用纸笔记录销售数据，我自学了 Excel 办公软件，所以我统计数据的效率高，而且很准确。

1998 年，我回到了广州，在朋友的介绍下进入了一家外企，也做过很多岗位，业务助理、HR、总经理秘书，一直做公司内部岗位。随着年纪越来越大，30 多岁的时候，我发现在内部岗位上经常会被调动，觉得自己很被动，开始有了危机感，担心被炒鱿鱼。

2004 年，集团里面的香港分公司成立了华南地区的销售团队，需要内部招聘销售人员，我想与其总是被安排工作，不如自己主动改变，于是我就去应聘做销售。**虽然销售我从没有做过，但我觉得可以**

慢慢来，我很愿意尝试和挑战，也喜欢逼自己做能让自己成长的事情。

前两年确实特别不容易，公司给的任务就是去拜访华南地区的台资和港资印刷工厂，然后就是自己找客户名单，打电话，约见拜访。

那个时候，东莞、珠海、中山的交通没现在这么便利，工厂在一些偏僻的工业区。现在想想，我那时候的胆子还挺大的，每次见客户都是坐汽车去附近，然后坐摩托过去，路上花掉 4—6 小时，一天就只能拜访 1—2 个客户。

那时候完全不觉得累，只要客户肯接见，我都特别激动，会准备样品，提前想好可能要回答的问题。只要能和客户见面，都沟通得很顺畅。几年下来，我在华南地区开发了不少直销客户，累计下来，公司直销业绩的 70%都是我当年开发的。我记得谈成的最大一笔直销订单是 140 万美金，中间经历了一个多月天天电话沟通的阶段，现在想起来特别感谢客户给了我机会和信任。

再到后来，我就被提拔为华南区的产品经理，管理 15 人的华南区销售团队。我自己最大的收获就是**想做成事，总能找到办法，行动就是力量，不断总结迭代，每次进步一点点。**

遇见 PPT，开启了我的第二人生

作为华南区产品经理，我每月的工作就是向香港总经理做总结汇报。每次，我的汇报都是在 Word 和 Excel 里面写好内容，然后复制粘贴到 PPT 上，我一直以为 PPT 都是这样做出来的。直到有一天看到香港分公司同事做的 PPT，才发现我的 PPT 简直惨不忍睹，而且香港分公司同事做的 PPT，在集团开全国销售会议的时候，被集团领导们接连称赞，夸他们的 PPT 设计得好，逻辑也很清晰。

那一次，我感觉自己受到了刺激，特别渴望能做出逻辑清晰、设计简洁大气的工作汇报 PPT，于是我就去易效能参加了 Sophie（索菲）的 PPT 课程，我从“小白”只会 PPT 的基础操作，进步到会模仿做 PPT 的程度。

但我发现还有一个问题没有解决，就是不知道怎么做一套完整、有逻辑的汇报或者演讲 PPT。我带着这个问题，继续寻找是否有这样的学习资源。有一天，在一个图书馆的分馆当中，我看到了吴尚文（房金）老师的 PPT 知识发布会，我就扫码加了微信，沟通以后就去了现场。

在现场，我被发布会的 PPT 震撼到了，我也特别想做出这样的 PPT，所以会后我立刻报了名，下课后主动去找老师聊天。

后来，只要是房金老师的课程，不管线上还是线下，我都参加，如线上 21 天训练营、线下两天一夜的精英商务演示课、小班设计审美工作坊……

2019 年，有一天，房金老师发出要招 10 个弟子的信息，我记得当时的价格是前 5 个人是 28000 元，后面 5 个人在前 1 个人的基础上涨 1 万元，其实我是特别想报的，但是当时我手上没有这笔钱。我知道很多人都在考虑，只有 10 个名额，我很想要，生怕错过这样的机会。

我非常纠结，就在决定放弃的时候，我的好闺蜜映云来支持我了。因为她一路见证了我两年学习 PPT 的经历，和她聊天的时候，她非常肯定地跟我说：“如果你真的很喜欢做 PPT，就一定要去报名。如果你现在没有这笔钱，我可以借给你。”

我当时听了，真的非常意外，原来旁人比我更了解自己，他们都能够感受到我是真的很喜欢做 PPT。在她的鼓励下，我去报名了。当时又有一点小意外，就是我已经是第 6 个学员了，学费是 38000 元。虽然当时有一点纠结，但是我最终还是去报名了。

报名后，除了房金老师会给弟子进行小班辅导，学员有问题还可以随时咨询老师。为了提升输出能力，我还给老师的训练营班做教练，运营社群和答疑；为提升授课能力，我还在私教学员班做讲师，后面还去其他平台做 PPT 接单小班培训老师。

房金老师和弟子们反复说，越高端的定制，文字逻辑的拆解越重要，一定要先做好内容的拆解。这时候，我想到我要去提升文案理解和逻辑拆解的能力，当时就开始留意这类课程。2022 年，我付费 2 万多元在图言卡语学习文字逻辑拆解，学习怎么把文字做成知识图卡以及如何做知识地图。经过半年多的学习和实战，我通过了高级图卡师认证，并获得了一些商单变现。

最快赚回学费的方式，就是边学习，边输出，边变现。在整个过程中，房金老师也会不断给变现机会，我曾经给中石化、美团、京东物流、今麦郎、去哪儿等企业做过 PPT 定制。在做定制的过程中，肯定有不顺利的时候。记得 2020 年，有一次要去北京驻场定制，但是当时北京因为新冠疫情，随时都可能封城。一旦封城，我就只能留在当地过春节，但我最终还是决定过去，因为驻场做定制的机会不是每次都会有的，而且我也需要这次历练。后来，我顺利完成了这个项目。在这个项目中，我最大的一个心得是：只要是跳一下能够得着的机会，一定要主动抓住。

还有一次是做课程的项目，我和我的师弟一起去做一个平台的 PPT 课程研发，又是在春节前的一个半月，当时客户的要求高，时间也很紧。两天就要出一套课件，还要录制视频，其间客户提出了很多修改意见，我们反复思考怎么满足客户的要求，最终顺利完成了交付。

敢比会更重要，用输出倒逼输入。我长期坚持做 PPT，虽然没有刻意去分享，但是周围很多朋友知道我喜欢而且坚持在做 PPT。有一天，我中学的同班同学问我除了会做 PPT，还会不会做 PPT 培训？我当时的反应是先接了再说。正因为有了这样的勇气，我开始到企业做培训，分别给广州平安、平谦国际、格康电子、维森地产等企业的员工做培训，最多的一次，线上、线下的培训人数达到了 200 人，而且客户的反馈还很好。

从 2019 年开始，我在 PPT 的学习上花费了 5 万多元，通过边学习，边做定制、做 PPT 社群带班教练、到企业培训，我赚到了 15 万元。

2021 年，因为疫情关系，香港分公司要关闭华南地区的业务部门，我离开了工作了 23 年的企业。但是很庆幸，因为有做 PPT 这门手艺，我可以在家里做自由职业者，只靠朋友转介绍和发朋友圈，一年下来，可以获得 10 万元的收入。我真实地领悟了房金老师说的那句话："天下唯手艺最养人。"

技能变现的 3 点经验分享

热爱和有兴趣，才能坚持

很多时候不能坚持，就要问一下自己是否真的热爱，因为只有喜欢甚至热爱，你才能在遇到困难的时候坚持下来。比如，我也遇到过既要上班又要练习的时候，这时就要选择牺牲下班后娱乐的时间来学习和练习；遇到过不了的稿子，肯定会受打击，但不会因为"玻璃心”就不干了，而是继续尝试下一个稿子。

人生不设限

在学习 PPT 的时候，我也曾经自我怀疑。作为“70 后”，在学 PPT 的学员中，我年龄算最大的，我不知道学 PPT 适不适合我，觉得可能学起来不如年轻人快，还有我从来没有学过设计，我能学会吗？我也曾经想过放弃，但因为确实喜欢，所以最终坚持下来了。

记得刚开始学习的时候，我问房金老师，我过多久能像他一样厉害？房金老师回答，不在于时间多久，而在于动手做了多少页 PPT。听完这句话，我就明白了，时间在哪里，结果就在哪里，我因此平均每天花 4—6 小时学习、练习 PPT。

有健康的身体和充足的精力，才能走得长远

这是老生常谈的话题。有段时间，我经常熬夜做定制 PPT，身体出现皮肤严重过敏和视力下降（视力从 1.2 下降到 0.4）的问题。做 PPT 其实是特别费脑筋的事情，精力不够的话，熬夜其实效率一点也不高，而且因为熬夜，会影响后面 2—3 天的工作状态，效率更低，所以我后面很少接急单了。要想走得长远，还是要生活有规律、工作有节奏。

后来，调整好作息，我的精力充足了，还通过中医眼膏调理了视力（双眼视力提高到 0.8 和 1.0）。

调整好了心态，内心不挣扎了，就可以轻装上阵，撸起袖子加油干。

激情燃烧的岁月

■ 周舒怡

世界500强金融公司培训经理
有17年培训人事运营经验
累计培训销售人员2万多人

我出生在一个教师之家，从小乖巧、孝顺。作为家中独女，父母一直视我为掌上明珠，我在他们的悉心呵护下长大。看着家人们做着稳定的工作，看着电视里新奇的世界，我想去大城市看看。

2006年大学毕业后，学教育的我放弃了做老师的机会，倔强地想去企业做人事，于是我坐上了开往深圳的绿皮火车，带着对未来美好的憧憬南下。0资历、0资源、0背景的我，靠自己应聘到一家民营企业，阴差阳错地做起了企业培训，从此跟培训结下不解之缘。两年过去了，我一路摸着石头过河，发现已将自己掌握的知识掏空，没有新鲜的精神食粮给予别人，于是我卷起铺盖，回到了武汉。

梦开始的地方

2009年4月，我终于应聘到一家世界500强金融公司，成为一名培训人，这是我梦寐以求的职业，也是我职业生涯中工作时间最长的公司。

初到职场，我曾担心不知道怎样适应新的行业、如何开展自己的工作，但浓厚的企业文化氛围、整齐的职业装、暖心的微笑让我感受到了金融企业的专业。很快地，我完成了从社会人到企业人的转变。

隔行如隔山，术业有专攻。虽然自己有过企业培训的经验，但行业和对象不同，我每天面对的是金融保险这座陌生而雄伟的大山。我相信勤能补拙，只要有愚公移山的精神，就一定能搬开眼前的这座大山。我要比别人付出更多的努力和汗水，学会两条腿走路，一边学讲保险销售课，一边做培训项目。

2011年，因先生调往深圳，我也跟随他调到深圳分公司。重回深圳，又有了春天的感觉，一切都那么生机勃勃。工作上，从新人培训到主管培训，从内训班到外训班，与不同年龄、不同文化和社会背景的学员沟通，锻炼了我的沟通协调能力。我组织过千人的主管轮训、百人的特训、每月的各类制式培训班，让我体会到与同事并肩作战、共战风雪的紧张、激动与喜悦。同时，我也告诉自己，**不要总是低头走路，还要抬头看路**。做培训需要不断地自我学习，**只有成长的速度超过领导的期许，才能超越自己。**

6 年的一线培训时光匆匆而过，我从一个培训的新兵变成了老兵无论是工作还是生活，都有了很大的收获。

内部创业初体验

2015 年，集团面向全公司招募学习官，我抱着试一试的心态，经过层层选拔，参与集团人事正在孵化的在线学习项目。这是一个全新的世界，学习平台是互联网 3.0 时代的产物，无论是产品设计，还是人力资源管理的创新思路，都非常超前，市场上还没有对标的产品。这样造就了一个倒逼我学习的环境，需要快速理解产品逻辑、互联网知识、公司人力资源管理创新思路、内外部移动学习运营经验等，并快速转化实践。

产险的一位重要央企客户来集团交流，当他了解到这款产品时，他非常兴奋地说："可否给我们用一用?"就在这样的启发下，集团领导突发奇想，把它做成 SaaS 产品，为集团重要的企业级客户提供在线学习平台服务。于是开始组建团队，后来就有了市场、客服、产品、研发、运营等部门。我也是在市场部初建的时候加入的，见证了市场团队从 1 个人发展到 20 多人，整个创业团队从 40 人发展到 400 多人。

友者生存3：每个内在都闪闪发光

依稀记得刚开始拓展业务时，我和领导2个人2个星期飞了9个城市，拜访了20个客户。8月的盛夏，烈日炎炎，我们提着电脑包，穿梭在城市的大街小巷。没有时间吃饭，就在路边买个面包。白天拜访3—4个客户，晚上赶到另一个城市，凌晨回到酒店，还要整理资料。一路上，我们当过专家，更当过学生，唯一不变的是搞定客户的决心。

付出总有收获，我们接触了超过1500个客户，上门拜访过540多家企业，一起组织了100多场走进公司的活动，讲过的各类论坛超过65个，签约客户从0增加到1000多个。

随着项目发展战略不断变化，组织架构调整也是家常便饭，我的岗位经历了3次变动。从市场到重客服务，从服务到运营，每一次转型对我来说都是全新的开始。一路走来，我承载了不少压力。从未做过市场，却随时要准备前往客户公司、各分公司、各种沙龙活动，站在众人面前销售产品；从未做过客服，却需要以专家身份帮助客户平台上线和提供运营活动的指导；从未做过运营，却要求用专业的产品经理思维帮助客户搭建学习平台，解决各种平台问题。

面对岗位的不断变化，我不断地告诉自己，转型要先转心态，要以归零的心态接受新的岗位，摆脱传统的面授培训思维，建立和采用新的互联网产品思维和工作方式。同时，寻找新工作的兴奋点和成就感。我经常暗示自己，现在所做的事情是引领企业培训潮流的事，我们可以帮助公司内外部的组织，运用线上平台打造学习型组织，助力业务的发展。当平台的强大功能得到客户的赞许时，我就获得了不断向前的动力。调整好了心态，内心不挣扎了，就可以轻装上阵，撸起袖子加油干。

永葆创业心，奋斗永不止

2017年，集团人事又开始孵化第二个项目人事系统。这次是在内部掀起一场人事改革，CHO（首席人力资源官）带着我们重新梳理人事的使命、愿景、价值观。一个月后，我们共同经历了一场难忘的团建，在一起探讨，平等选择，达成共识，最终形成了自己的使命、愿景、价值观。

2018年3月，人事改革由集团推向全系统，每个人的心田种下了一颗种子，期待共创共赢。伙伴的陪伴，是团队最大的力量。只要我们都在，绝不轻言放弃。

我们夜以继日地奋战，终于迎来HR系统的到来，我们的绩效、招聘、客服App陆续上线。虽然一路遭遇挑战，但HR同事们迎难而上，从未停下求索的脚步。经过1年的打磨，人事系统获得越来越多成员公司各层级领导、员工的好评。

2019年4月，国际人才交流大会盛大开幕，我们的人事系统也正式对外揭开面纱，从这里开始投入市场测试，一发不可收，政府、知名企业竞相来访，洽谈合作；论坛、协会、公益组织争相邀请，奉为上宾。

记得6月的一天，某项目代表第5次上京城洽谈，那天邀请了我们的产品、数据团队实力最强的人助阵。上午10点，谈判桌上激烈讨论，头脑风暴；凌晨5点，酒店里通宵达旦，修改方案；早上6点，短暂歇息，只为再战；第二天上午，持续再谈合作细节，直到合同签署。大家都在全力以赴。

每周作为“空中飞人”，以酒店为家，行走于机场与客户之间；

每天都在激烈研讨，协同作战，相互补位，只为给客户提供一份满意的方案。方案写了多少遍，熬了多少个通宵，已不得而知。

最终结果振奋人心，短短4个月，我们签约了5个大客户，成交额过亿元，一下子就激发起了大家的斗志，于是项目越来越多，团队不断壮大，品牌影响力也逐渐提升。经过2年时间的发展，我们的系统成为人力资源最强、最先进的系统。

铭记初心，再出发

回想17年的职业生涯，我经历过很多角色的转变。在寿险做代理人培训时，为打磨一个又一个培训项目，陪伴了一批又一批代理人从保险“小白”成长为大单高手，从不善言辞的人到演说达人，从保险新人3年晋升为营业部经理、展业课长。一次次的实践，让我更加相信最好的培训就在这里。

在集团人事的孵化项目中，我亲眼见证并参与了在线学习平台和人事系统从0到1的搭建。在学习平台团队，“人人都是产品经理”“人人都是CEO”的标语贴满了办公室，大家都拥抱变革，保持创业之心，干劲十足，最终使产品成为集团B端销售中的拳头产品和钩子产品，助推高层会晤，探索战略合作，助力主业业绩发展。

人生没有白走的路，每一步都算数。如今我又在新的赛道驰骋，又要开始学习全新的养老行业知识，依旧带着艰苦创业的心，从零开始。

每一次转型都是一次成长。经历了方才明白，职场唯一不变的就是不停改变。有了这样的信念，才能处之泰然，快速适应变化，才能走得更远。